U0055888

棉花娃衣
裁縫全書

監修
nuinui洋服店

許倩珮／譯

Contents

*oshi no
nuifuku wo
tukurou*

Chapter

1 棉花娃衣的作法～基本篇～

Chapter

2 棉花娃衣的作法～應用篇～

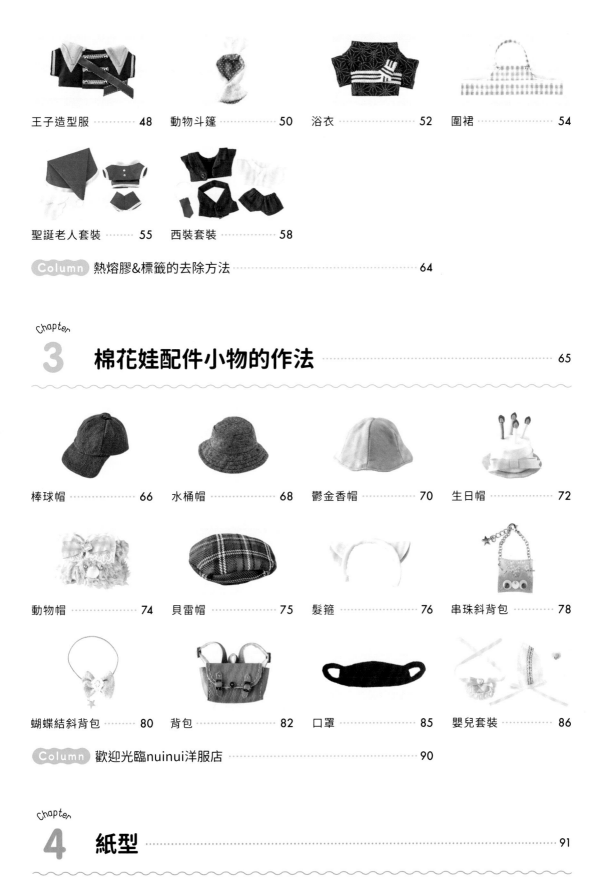

Chapter 3 棉花娃配件小物的作法 ……………… 65

Chapter 4 紙型 ……………… 91

用手工縫製的「棉花娃衣」
為棉花娃進行
時尚大改造！

布偶裝　▶ P26
動物斗篷　▶ P50

西裝套裝　▶ P58

craftsman

棉花娃衣設計師Data

以下是本書刊載的14位棉花娃衣及棉花娃配件小物設計師
所負責的作品與社群軟體帳號等資料介紹。

あづま。

X（前Twitter）
@azumarow

Other contacts
https://komamono-rowran.booth.pm/
（商店）

負責作品
西裝套裝（▶ P58-63）
棒球帽（▶ P66-67）
水桶帽（▶ P68-69）

あみやき

X（前Twitter）
@amiyaki_hm

Other contacts
shitano_hashi@yahoo.co.jp
（電郵地址）

負責作品
串珠斜背包（▶ P78-79）

are_gr☺

X（前Twitter）
@are_grovv

Other contacts
@are_grovv（Instagram）

負責作品
生日帽（▶ P72-73）
髮箍（▶ P76-77）
口罩（▶ P85）

アンスリウム畑

X（前Twitter）
@ansuri_yeah

Other contacts
https://ansuriyeah.booth.pm/
（商店）

負責作品
連身衣（▶ P29）
聖誕老人套裝（▶ P55-57）
鬱金香帽（▶ P70-71）

あんな

X（前Twitter）
@ann_nui

Other contacts
@ann__nui（Instagram）

負責作品
T恤（▶ P16-17）
褲子（▶ P18-19）
前開式上衣（▶ P32）
圍裙（▶ P54）

A子（いちこ）

X（前Twitter）
@ichi_wonderland

Other contacts
@ichi_wonderland（Instagram）

負責作品
洋裝（▶ P40-42）
簡易假領（▶ P43）

いちごうさぎの服屋さん

X（前Twitter）
@ichigo_usagi__

Other contacts
無

負責作品
動物帽（▶ P74）

kukku

X（前Twitter）
@kukku_no_obebe

Other contacts
@kukku_no_obebe（Instagram）

負責作品
嬰兒套裝（▶ P86-89）

こごん

X（前Twitter）
@omuraishudisk
（いちごのあめちゃん）

Other contacts
kogonsan131@gmail.com（電郵地址）

負責作品
後開式上衣（▶ P33-35）
水手領上衣（▶ P36-37）
中國風上衣（▶ P38-39）

コモノノマーチ

X（前Twitter）
無

Other contacts
無

負責作品
波浪圓裙（▶ P22）
貝雷帽（▶ P75）

白月みこ

X（前Twitter）
@mikancatt（みかんねこ）

Other contacts
https://lit.link/mikost

負責作品
拉鍊牛仔褲（▶ P20-21）
浴衣（▶ P52-53）

SUZUNE

X（前Twitter）
@suzune_0000

Other contacts
https://suzune-0000.booth.pm/（商店）

負責作品
布偶裝（▶ P26-28）
蝴蝶結裝飾（▶ P30）
動物吊帶褲（▶ P46-47）
動物斗篷（▶ P50-51）

ちゃぽ

X（前Twitter）
@mikanpanpan

Other contacts
無

負責作品
帽T（▶ P44-45）
蝴蝶結斜背包（▶ P80-81）

Promenade

X（前Twitter）
@promenade_doll

Other contacts
promenade_marimo@yahoo.co.jp
（電郵地址）

負責作品
運動鞋（▶ P23-25）
王子造型服（▶ P48-49）
背包（▶ P82-84）

棉花娃衣製作基礎

開始製作棉花娃衣之前，首先要確認一下使用的用具和材料的特徵，以及基本的縫紉針法。
用具和材料在手工藝材料店、百元商店或網路商店等地方都能買到。

製作棉花娃衣時的必要用具、以及有的話會更方便的物品介紹。
開始製作棉花娃衣之前最好先把用具備齊。

針

縫合布料時使用的縫紉必需品。有手縫針、刺繡針等各式各樣的種類。

線

縫合布料時使用。刻意選擇與布料不同的顏色來突顯針腳也OK。

膠水

黏貼布料時使用。有液狀及條狀等類型，可視情況靈活運用。

防綻液

塗抹在布料邊緣以防止鬚邊的物品。使用容易鬚邊的布料時的必需品。

記號筆

描繪紙型時使用。有鉛筆型、簽字筆型、遇水即消型等不同的種類。

手藝用剪刀

裁布或剪線時使用的剪刀。由於剪紙之後很容易變鈍，所以要特別留意。

夾子、珠針

把布料或裁片暫時固定時使用。有夾子和珠針兩種，可選擇好用的來使用。

熨斗

把縫好的布料燙平，或做出摺痕時使用。有的話就能把成品修飾得更美觀。

黏塵滾輪

清除沾附在布料上的線屑或布邊脫紗時使用。使用容易鬚邊的布料時的法寶。

鑷子

處理細小部件時使用。用到水鑽或珠子等等的時候，有的話會更方便。

錐子

在布料上鑽洞時使用。分拆繡線時也能派上用場。

鬆緊帶穿帶器

把鬆緊帶穿過細長的地方時使用。視穿過的鬆緊帶寬度而定，需選擇不同的穿帶器。

製作棉花娃衣所使用的布料特徵介紹。
請先想好想要製作的品項，再來尋找符合目的之布料。

🌸 布料

薄布料

使用難易度 ★★★

平布等薄布料。針容易穿過布，很容易縫紉。觸感也相當多元。

毛絨布、軟毛絨

使用難易度 ★★

表面覆蓋著長絨毛的柔軟布料。裁剪之後不會鬚邊可直接使用，有些也具有彈性。

雙面針織布

使用難易度 ★★

擁有光滑觸感的布料。質地柔軟、富有彈性且不易變形是特徵所在。

丹寧布

使用難易度 ★★

厚而紮實，有點偏硬的布料。建議使用於製作帽子或褲子時。

不織布

使用難易度 ★★★

厚而柔軟，裁剪之後不會鬚邊可直接使用。不具彈性，拉扯之後無法復原。

合成皮

使用難易度 ★

質地偏厚的布料，有點硬。和一般布料質感不同，比較適合用於包包或鞋子之類的物品。

水晶絨

使用難易度 ★★★

質地輕薄不易鬚邊。絨毛短，觸感光滑。

蕾絲

使用難易度 ★★

由紗線編織而成的柔軟布料，有些也具備細緻的花樣。

漆皮、塑膠布

使用難易度 ★★

觸感滑溜溜的材質，具有光澤感，不怕水。

鋪棉布

使用難易度 ★★

布料和布料之間夾有棉花，質地蓬鬆柔軟。

🌸 其他材料

布襯

一面含有膠水，用熨斗燙過就能黏住的襯料。可防止布料變形。

魔鬼氈

拉鍊的替代品，有背膠型及薄型的商品可供選擇。

鬆緊帶、鐵絲、棉花

可放入裁片當中，作為防止變形或增加體積之用。

緞帶、裝飾物

用來添加在服裝或配件小物上作為裝飾。

基本的縫紉針法

本書中含有需使用針線縫紉的流程。
現在就來確認一下縫製棉花娃衣需要的基本縫紉針法。

起針結

為了防止縫線鬆脫，開始縫紉之前要先打「起針結」。

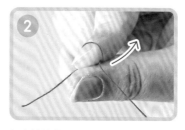

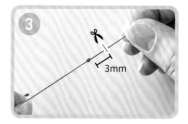

在食指上繞一圈線，用拇指和食指夾住。

在夾著線的同時，用食指向後拉打結。

用食指和拇指把結牢牢壓住，將長端的線拉緊。在距離打結位置約3mm的地方把短端的線剪掉。

收針結

結束縫紉的時候要打「收針結」，以防止縫線鬆脫。

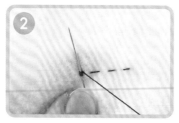

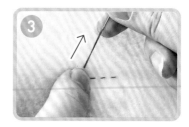

在結束縫紉的位置把針壓在布料上。

在針上繞線2～3圈，把繞好的線用手指壓住，聚集在根部位置。

用拇指牢牢壓住、同時把針向上抽出打結。在距離打結位置約3mm的地方把線剪斷。

全回針縫

從正面看的時候，針腳會形成筆直一道線的牢固縫法。

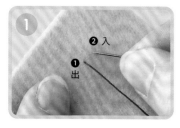

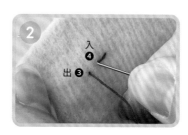

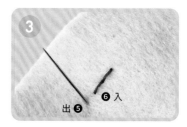

在距離起縫點約1個針距的前方把針穿出（❶）。接著回退1個針距把針刺入（❷）。

把在❶刺入的針從2個針距的前方穿出（❸），在和❶相同的位置把針刺入（❹）。

從2個針距的前方出針（❺），在和❸相同的位置把針刺入（❻）。重複❶～❸。

半回針縫

從正面看的時候，針腳是一道虛線的縫法。反面的針腳則是呈一直線。

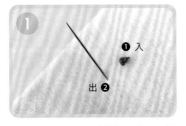

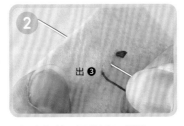

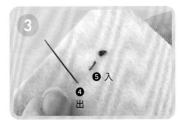

在正面把針刺入（❶），從1個針距的前方穿出（❷）。

回退半個針距把針刺入（❸）。

從1個針距的前方把針穿出（❹），回退半個針距把針刺入（❺）。重複❶～❸。

平針縫

不管從正反面看，針腳都是虛線的縫法。

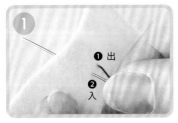

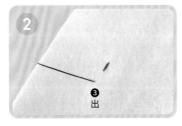

從起縫點把針穿出（❶），在1個針距的前方把針刺入（❷）。

在1個針距的前方，從反面把針穿出（❸）。

在1個針距的前方把針刺入（❹）。重複❶～❸。

捲針縫

像是把布料邊緣捲起來縫住的縫法。

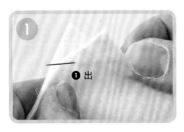

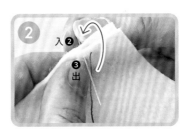

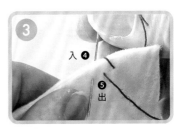

從布料的內側朝著正面出針（❶）。

像是把布料的邊緣捲起來般地，從另一側入針（❷），在正面出針（❸）。

和❷一樣像是把布料的邊緣捲起來般地，從另一側入針（❹），在正面出針（❺）。重複❶～❸。

製作棉花娃衣之前

在本書中作為基準的棉花娃尺寸

本書是以10cm大小的棉花娃為基準來介紹各個品項的作法。
棉花娃有規格及個體之差異。想要製作不同於本書基準的棉花娃衣，請將紙型放大或縮小影印來使用。15cm大小的棉花娃只要把紙型放大170%就能製作。
請先測量手邊的棉花娃，確認好尺寸。

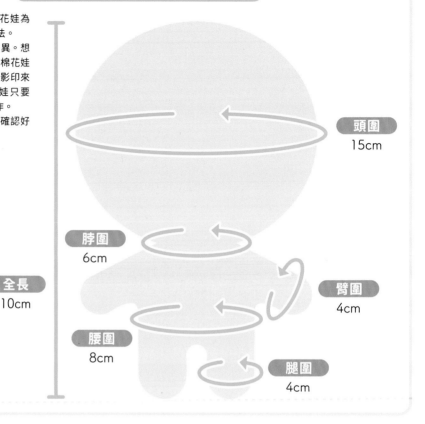

頭圍 15cm

脖圍 6cm

全長 10cm

臂圍 4cm

腰圍 8cm

腿圍 4cm

流程頁的注意事項

作法解說中使用的是和成品不同的素色布料。
解說文中未提到手縫針法的部分，建議採用全回針縫。
在作法解說中，為了方便看清針腳所以採用半回針縫來製作。

紙型頁的使用方法

品項名
品項的名稱。最好先確認過和作法解說頁的品項名是否一致再影印下來。

紙型
製作棉花娃衣、棉花娃配件小物所使用的紙型。請先確認過裁片名和數量之後再影印、剪下使用。只要放大影印，就能用在15cm的棉花娃上。

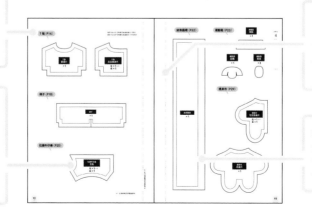

影印線
影印紙型時的基準。影印時必須把書溝部分確實按壓至影印線的位置為止，如此才能完整地印出紙型。

縫份
紙型的內側線條以外的外側部分。縫合布料的時候為了保有充足的縫合空間必須預留縫份。

Chapter

1

〜〜〜〜〜〜〜〜〜〜

棉花娃衣的作法
〜基本篇〜

第 1 章會針對基本款的作法
進行詳細的解說。
即使是初學者也能輕易完成，
所以不妨先從基本款挑戰看看。
也可以單利用第 1 章的款式
做出簡單的組合搭配。

棉花娃衣的經典款！
T恤

材料

☐ 雙面針織布
　 或喜愛的布料
　 （10cm×20cm）
☐ 魔鬼氈（0.5cm×2cm）

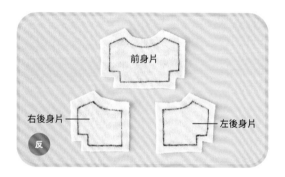

前身片

右後身片　　　　　　左後身片

反

1 描繪紙型裁剪布料

描繪紙型裁剪布料，備妥3塊裁片。用容易鬚邊的布料製作時要先在布邊塗抹防綻液。

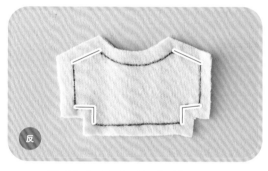

反

2 把前身片和後身片　重疊起來縫合

把前身片1塊和後身片2塊以正面朝向內側的方式重疊起來，將紅線部分縫合。

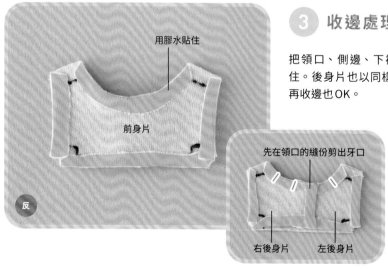

用膠水貼住

前身片

反

先在領口的縫份剪出牙口

右後身片　　　左後身片

3 收邊處理

把領口、側邊、下襬的縫份反折起來，用膠水黏住。後身片也以同樣方式做好收邊處理。縫合之後再收邊也OK。

Point

使用彈性不佳的布料時，在收邊之前要先在領口的曲線部分的縫份剪出牙口。

反

④ 在脇邊剪出牙口

在綠線部分剪出牙口。小心不要剪到脇邊的縫線。

Point

若不事先剪出牙口的話，在 ⑤ 的流程就
沒辦法漂亮地翻面，這點要特別注意。

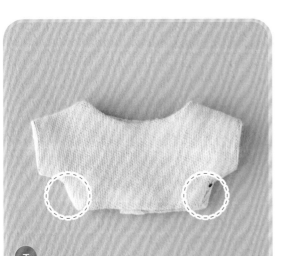

正

⑤ 熨燙之後翻面

用熨斗把縫份燙出折痕之後，將布料翻面。翻面之
後先把形狀調整好，然後再熨燙一次。

Point

使用雙面針織布之類的厚布料時，由
於脇邊很容易往內側捲，所以把形狀
調整好之後，還得仔細地熨燙一次。

母面（毛絨絨的面）

公面（刺刺的面）

⑥ 黏上魔鬼氈

把左右的後身片對齊擺好，確認疊合的位置。如照
片所示把魔鬼氈用膠水黏上去就完成了。

完成！

作法簡單，很適合初學者！
褲子

材料

☐ 丹寧布
   或喜愛的布料
   （5cm×15cm）

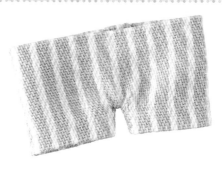

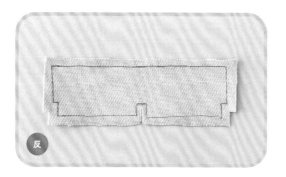
反

① 描繪紙型裁剪布料

描繪紙型裁剪布料，備妥1塊裁片。用容易鬚邊的布料製作時要先在布邊塗抹防綻液。

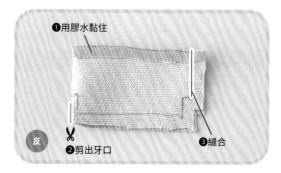

❶用膠水黏住
✂ ❷剪出牙口
❸縫合
反

② 腰部收邊之後，將邊端縫合

把腰部反折起來用膠水黏住（❶）。以正面朝向內側的方式對折之後在股下部分剪出牙口（❷），將邊端縫合（❸）。

③ 把下襬的中央黏住

從在❷剪出牙口的地方把下襬反折起來，只在中央部分用膠水稍微黏住。另一側也同樣地反折起來黏住。

反

Point

用夾子或手指壓著，讓膠水充分乾燥。先把布料黏住的話，❺的流程做起來會更順暢。

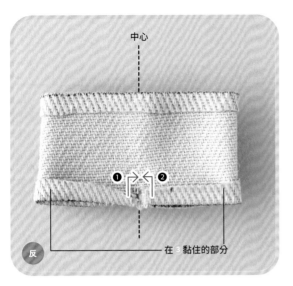

④ **在中央將牙口和縫份
對齊，縫合股下**

把在②剪出的牙口和縫份移到正中央的位置對齊疊
好，依照❶→❷的順序縫合。

Point

把在③黏住的地方移到左右兩側。請
注意，若是先把下襬的縫份整個黏住
的話，布料會變得太厚而不容易縫。

⑤ **下襬收邊**

把在③沒黏到的地方用膠水黏住。先讓中央的縫份
壓向一邊再黏的話，成品會更美觀。

⑥ **熨燙之後翻面**

用熨斗把縫份燙出折痕之後，將布料翻面。翻面之
後，先把形狀好好地調整好，然後再熨燙一次。

Point

使用丹寧布之類的厚布
料時，由於下襬容易捲
入內側而導致尺寸變
小，所以把側面和股下
的形狀調整好之後，還
得仔細地熨燙。

完成！

胖胖體型也能輕易穿上！

拉鍊牛仔褲

材料

- ☐ 丹寧布
  或喜愛的布料
  （10cm×20cm）
- ☐ 5mm 寬的緞帶（15cm）
- ☐ 內徑 3mm 的皮帶扣（1個）
- ☐ 魔鬼氈（1cm×2cm）

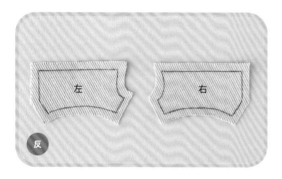

（反）

1 描繪紙型裁剪布料

描繪紙型裁剪布料，備妥 2 塊裁片。用容易鬚邊的布料製作時要先在布邊塗抹防綻液。

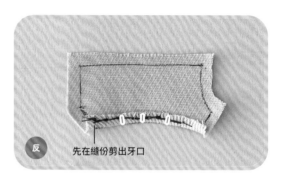

（反）　先在縫份剪出牙口

2 下襬收邊

分別把下襬的縫份反折起來，順著曲線縫合。縫合之前先在曲線部分的縫份剪出牙口的話，收邊的時候才會輕鬆。

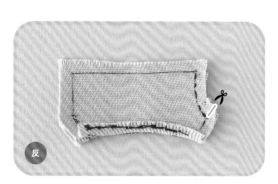

（反）

3 把左右的裁片接合，剪出牙口

把在 2 做好收邊處理的 2 塊裁片重疊縫合，避免剪到縫線小心地剪出牙口。

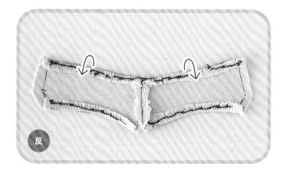

（反）

4 腰部收邊

把在 3 縫合的部分左右攤開，將腰部的縫份反折起來縫住。薄布的情況用膠水黏住也 OK。

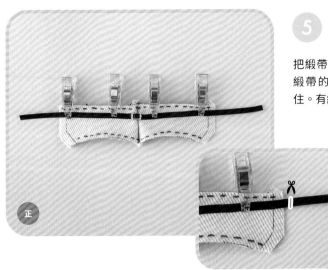

⑤ 安裝皮帶用的緞帶

把緞帶穿過皮帶扣，擺在④的正面，確認皮帶扣和緞帶的位置。決定好位置之後，用膠水把緞帶黏住。有縫紉機的話就先把緞帶車縫上去。

Point

緞帶要剪長一點，黏好之後再將多餘的部分剪掉。

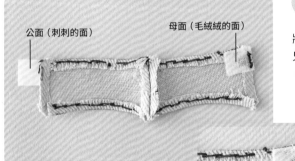

公面（刺刺的面）　　母面（毛絨絨的面）

⑥ 兩端收邊之後，縫上魔鬼氈

將兩端往布料的反面反折起來，用膠水黏住。把魔鬼氈的公面（刺刺的面）以突出於外側的方式，母面（毛絨絨的面）以從反面收入內側方式縫住。

1cm

Point

魔鬼氈要剪長一點才容易縫，之後再將多餘的部分剪掉。

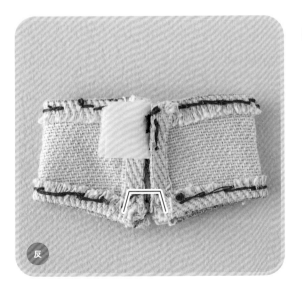

⑦ 縫合股下

以正面朝向內側的方式在中央將⑥的兩端對齊，縫合股下。翻回正面調整形狀。

完成！

飄逸華麗地換裝
波浪圓裙

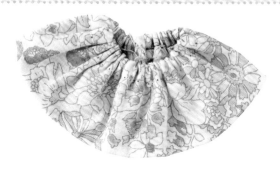

材料

☐ 平布
　或喜愛的布料
　（10cm×30cm）
☐ 3.5mm寬的鬆緊帶（30cm）

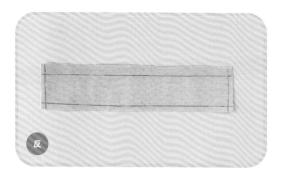

反

① 描繪紙型裁剪布料

描繪紙型裁剪布料，備妥1塊裁片。用容易鬚邊的布料製作時要先在布邊塗抹防綻液。

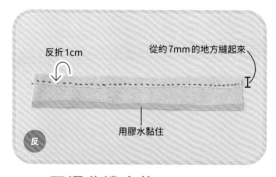

反折1cm

從約7mm的地方縫起來

用膠水黏住

反

② 下襬收邊之後，　將腰部反折起來縫合

把下襬的縫份反折起來，用膠水黏住。腰部也反折1cm，在距離反折位置約7mm的地方縫起來。

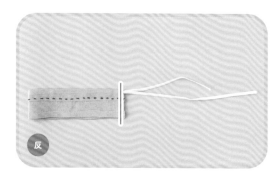

反

③ 在腰部穿入鬆緊帶，　將兩端縫合

把鬆緊帶穿入在 ② 縫起來的地方。穿好鬆緊帶之後，以正面朝向內側的方式將兩端對齊縫合起來。

反

④ 將鬆緊帶打結，　翻回正面

配合棉花娃的腰圍將鬆緊帶打結，剪掉多餘的部分之後翻回正面。

完成！

讓棉花娃輕鬆站立！
運動鞋

材料（單腳）

- ☐ 不織布或合成皮
  （5cm×10cm）
- ☐ 3mm寬的羅緞緞帶（2cm）
- ☐ 繩子（20cm）

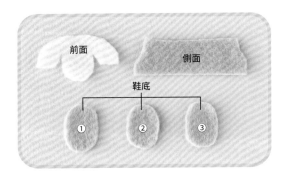

1 描繪紙型裁剪布料

描繪紙型裁剪布料，備妥5塊裁片。

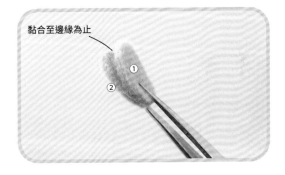

2 把2塊鞋底黏合

把2塊鞋底裁片（①、②）重疊起來，用膠水黏住。

3 把鞋底和前面重疊起來縫合

把在②黏合的鞋底裁片和前面裁片重疊起來，從中心開始以捲針縫縫合。縫到邊端之後用同樣方式把另一側也縫合起來。

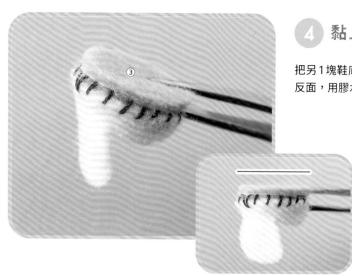

④ 黏上鞋底

把另1塊鞋底裁片（③）疊在做好的③的鞋底裁片的反面，用膠水黏住。

Point

為了讓棉花娃在穿上時能保持穩定，黏貼時一定要好好壓緊弄平。

⑤ 在鞋尖黏上緞帶

把裁成2cm的羅緞緞帶用膠水黏在鞋尖處，把③的縫線隱藏起來。

Point

把鞋尖和緞帶的中心對齊，從中心朝著邊端用手指或鑷子以按壓的方式黏貼上去。

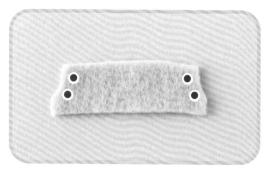

從這附近開始黏貼

⑥ 在側面裁片鑽洞

用錐子或針等工具在側面的4個地方鑽洞。洞口要鑽成約2mm的大小，⑧的流程才能順利進行。

⑦ 黏上側面裁片

把在⑥鑽洞的側面裁片用膠水黏在⑤的裁片上。直到膠水乾燥為止都得用手指牢牢壓住。

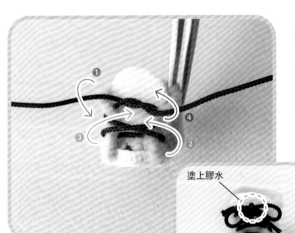

8 綁好鞋帶

從側面裁片的反面把繩子穿過左上的洞（❶）。接著把繩子從正面穿過右下的洞（❷），再從左下的洞的反面穿出來（❸）。最後把繩子從正面穿過右上的洞（❹），打上蝴蝶結。把多餘的繩子剪掉。

塗上膠水

Point

在繩子的打結部分塗上膠水使其乾燥，好讓打結處不易鬆脫。

Arrange

蕾絲緞帶鞋

利用蕾絲和緞帶，簡單地改造成可愛的蕾絲緞帶鞋！換個布料或顏色，為棉花娃做一雙在他們世界中獨一無二的鞋子吧！

使用皮革的話就能做出皮鞋風格的版本！

變化版的作法

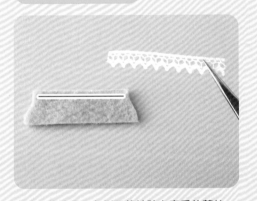

省略 ❻ 的流程，在側面裁片貼上喜愛的蕾絲。

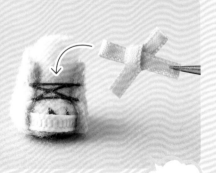

把側面裁片的兩端縫起來，再用白膠黏上蝴蝶結將縫線隱藏起來。

完成！

布偶裝

材料

- ☐ 軟毛絨或毛絨布料
  （30cm×40cm）
- ☐ 喜愛的薄布料
  （30cm×40cm）
- ☐ 不織布（5cm×5cm）
- ☐ 5mm寬的水鑽（2個）

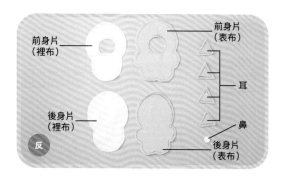

前身片
（裡布）

前身片
（表布）

耳

後身片
（裡布）

鼻

後身片
（表布）

反

① 描繪紙型裁剪布料

描繪紙型裁剪布料，備妥8塊裁片。用黏塵滾輪清除
毛屑。在3種耳朵紙型中使用的是貓耳。

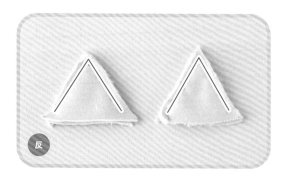

反

② 把耳朵裁片縫合

把2塊耳朵裁片以正面朝向內側的方式重疊起來，將
紅線部分縫合。縫好之後翻面。

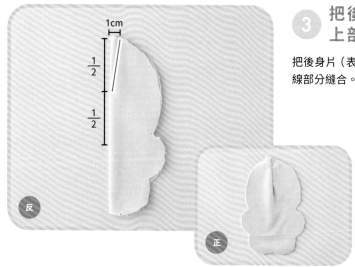

1cm

1/2

1/2

反

正

③ 把後身片（表布）的上部縫合

把後身片（表布）以正面朝向內側的方式對折，將紅
線部分縫合。縫好之後攤開。

Point

對折之後從距離折痕約
1cm的位置開始，到頭
部一半左右的位置，縫一
直線。

4 把前身片的表布和裡布重疊起來，將臉周縫合

把前身片（表布）和前身片（裡布）以正面朝向內側的方式重疊起來。將臉周洞口的位置對齊之後，在距離洞口邊緣約5mm的地方縫合一圈。

約5mm

Point

軟毛絨之類具有伸縮性的布料，由於很容易在縫合的過程中滑開移位，所以若能事先做上記號或疏縫※固定的話，縫合起來才會輕鬆。

※為了防止布料滑開移位，暫時粗略縫住的動作。

5 把前身片（裡布）翻面，和後身片（裡布）縫合

把在④縫合的表布和裡布從臉周的洞口翻面，用夾子或珠針暫時固定。在翻面之後的前身片（裡布）上，把後身片（裡布）以正面朝向內側的方式對準相同的記號重疊上去，在外圍縫合一圈。

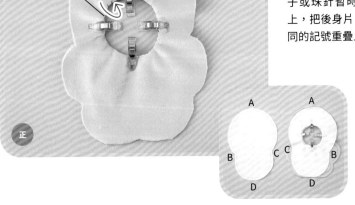

從這個洞口把裡布翻面

正

A
B C C B
D D

Point

小心別把表布也一起縫進去。

6 把耳朵裁片疏縫在後身片（表布）上

在距離③做好的後身片（表布）的縫線約1cm的位置，把②做好的2塊耳朵裁片放好。確認位置之後，疏縫固定。

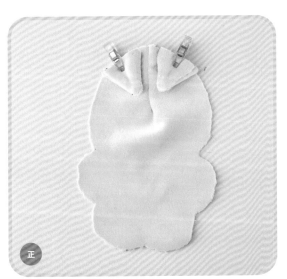

正

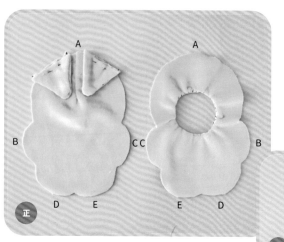

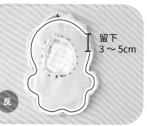

⑦ 把前身片（表布）和後身片（裡布）縫合

把⑤的前身片（表布）和⑥的後身片（表布）以正面朝向內側的方式對準相同的記號重疊起來，在外圍縫合一圈。為了⑧的翻面需要，必須留下3～5cm不縫。

留下
3～5cm

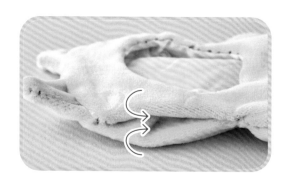

⑧ 翻面之後收合返口

從在⑦留下不縫的返口將布料翻面。翻面之後，把返口處的布料折進內側，用膠水黏合。

⑨ 貼上五官部件

在不織布上刺繡或用鑷子貼上水鑽等等做出臉部五官，依喜好加以裝飾。

完成！

Arrange

小熊 & 兔子布偶裝

只要改變耳朵的形狀就能做出小熊或兔子的布偶裝。熟練了之後想自行設計喜愛的耳朵造型也沒問題。藉著耳朵及臉部的設計讓棉花娃變身為各種動物！

使用長毛的布料也很可愛！

讓棉花娃變得光溜溜！
連身衣

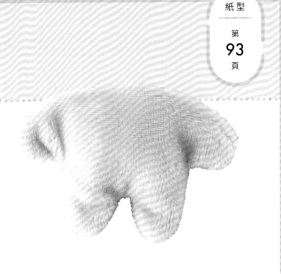

材料

☐ 和棉花娃皮膚同樣顏色的軟毛絨
或具有彈性的布料
（10cm×20cm）

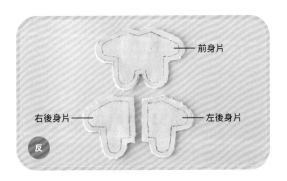

前身片

右後身片 ———— ———— 左後身片

反

1 描繪紙型裁剪布料

描繪紙型裁剪布料，備妥3塊裁片。用黏塵滾輪清除毛屑。

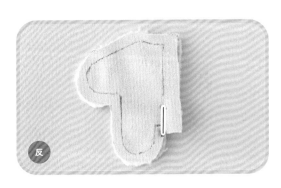

反

2 把後身片重疊，將股下縫合

把2塊後身片以正面朝向內側的方式重疊起來，將股下的紅線部分縫合。

反

3 把前身片和後身片縫合

把在 2 縫合的後身片縫份攤開，將正面裁片重疊上去。用夾子或珠針暫時固定之後，把脖子根部以外的部分縫合，翻面。

Point

先在指尖和腳尖剪出牙口的話，翻面之後的形狀會更漂亮。

完成！

可愛蝴蝶結裝飾的作法

以下要介紹的是能用來點綴各式各樣服飾、
簡單又可愛的蝴蝶結裝飾作法。
請試著改變緞帶的種類及顏色，
做出最適合棉花娃的蝴蝶結裝飾！

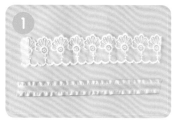

剪下粗細不同的緞帶各20cm。

把兩種緞帶的兩端分別縫合起來。
或是用膠水黏住也OK。

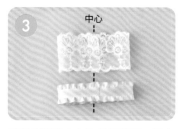

把縫份對齊中心的位置疊好，做出折痕。

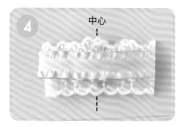

把細緞帶疊在粗緞帶上面，用細鬆緊帶將中心綁緊。

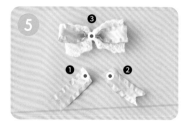

把2片裁成5cm的緞帶塗上膠水，從底下開始依照❶→❷→❸的順序重疊黏住。要省略這個流程也OK。

在蝴蝶結的正面中央依喜好把珠子或水鑽用膠水黏上去。

完成！

裝飾在
做好的衣物上
為棉花娃衣
增添特色！

棉花娃衣的作法
～應用篇～

第 2 章會針對比第 1 章更複雜的
進階款作法進行解說。
雖然難度稍稍提升，
但請好好研讀解說熟練技巧，
為棉花娃做出最適合的一套服裝吧。

樣式簡單的基本款上衣
前開式上衣

針、線　膠水　防綻液　剪刀　夾子珠針

材料

- ☐ 平布或喜愛的布料
  2種（各15cm×15cm）
- ☐ 3mm鈕釦（樣式任選）
- ☐ 魔鬼氈（0.5cm×2cm）

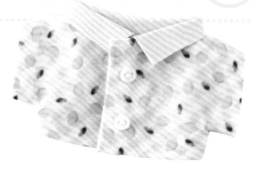

※使用的是NUIGOTO原創布料「檸檬（藍格）／聚酯天竺」。

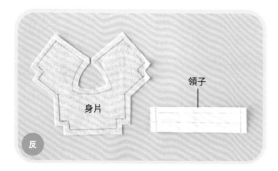

領子

身片

反

1 描繪紙型裁剪布料

描繪紙型裁剪布料，備妥2塊裁片。用容易鬚邊的布料製作時要先在布邊塗抹防綻液。

下面不要黏住

反

反

2 縫合脇邊，
處理身片和領子的收邊

把身片以正面朝向內側的方式從肩膀部分折疊起來，將脇邊縫合。在綠線部分剪出牙口，把身片和領子的縫份反折起來用膠水黏住。

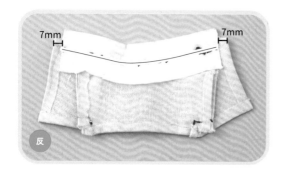

7mm　　　　　7mm

反

3 把領子裁片縫在身片上

兩端各留下7mm，配合領圍把領子裁片縫合起來。縫合之後將領子反折成正面。

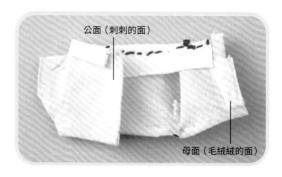

公面（刺刺的面）

母面（毛絨絨的面）

4 縫上鈕釦，黏上魔鬼氈

在前身片的疊合部分依喜好縫上鈕釦，用膠水把魔鬼氈黏上去。

完成！

服裝正面的設計有無限可能！
後開式上衣

 針・線　 膠水　 防綻液　 剪刀

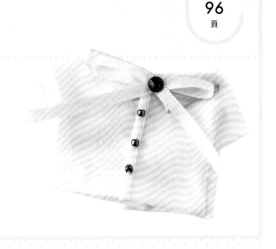

材料

- [ ] 平布或喜愛的布料（15cm×15cm）
- [ ] 3mm 寬的緞帶（15cm）
- [ ] 緞帶・鈕釦・珠子（樣式任選）
- [ ] 魔鬼氈（0.5cm×2cm）

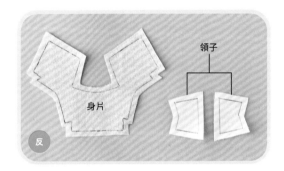

身片　領子

1　描繪紙型裁剪布料

描繪紙型裁剪布料，備妥3塊裁片。用容易鬚邊的布料製作時要先在布邊塗抹防綻液。

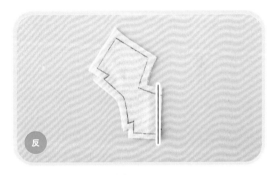

2　把身片對折，將中央縫住做出門襟

把身片裁片以反面朝向內側的方式從中央折疊起來。將紅線部分（距離折痕約2mm的內側位置）從一端縫到另一端，把折疊的部分攤開。

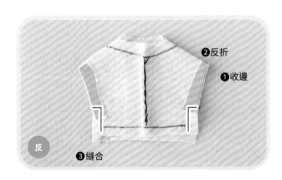

❷反折
❶收邊
❸縫合

3　袖子收邊之後，將脇邊縫合

把身片裁片的袖子部分的縫份反折起來用膠水黏住（❶）。以正面朝向內側的方式從肩膀部分折疊起來（❷），將紅線部分縫合（❸）。

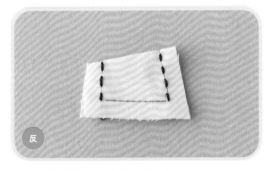

4　把領子裁片對折，兩端縫合

把左右的領子裁片分別以正面朝向內側的方式對折，確實壓出折痕。把兩側縫起來，翻回正面。

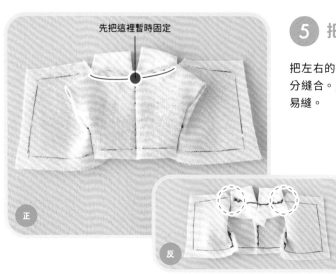

先把這裡暫時固定

正

反

⑤ 把領子裁片縫在身片上

把左右的領子裁片配合身片的領口放好,將紅線部分縫合。用夾子或珠針把中心暫時固定的話會更容易縫。

Point

起針結和收針結要留在布料的反面。縫的時候要考量到後續流程,仔細地確認領子的角度。

正

反

⑥ 把領子裁片反折起來,縫住邊端

把在⑤縫好的領子裁片朝著布料的正面反折起來,用夾子或珠針暫時固定。把領子裁片的角共4處縫在身片上。

Point

把領子裁片的角縫在身片上的時候,要先縫內側的角(❶),再縫外側的角(❷)才會順手。線要使用和領子布料相同的顏色才不會過於突兀。

反

⑦ 收邊處理

把肩膀、側邊、下襬的縫份朝著布料的反面反折起來,用膠水黏住。

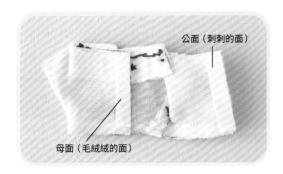

公面（刺刺的面）

母面（毛絨絨的面）

完成！

⑧ 黏上魔鬼氈

如照片所示把魔鬼氈用膠水黏上去。

⑨ 安裝蝴蝶結

在正面的領子的位置黏上蝴蝶結或鈕釦，依喜好添加裝飾。在❷做好的門襟部分改成縫上珠子來取代鈕釦也OK。

Arrange

時髦上衣

因為是後開式的上衣，所以正面的設計可以自由發揮！把領子換成蕾絲的活用也可以挑戰一下！

添加刺繡和蝴蝶結也很可愛！

變化版的作法

正

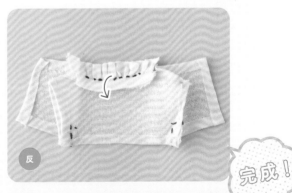

反

完成！

省略❷的流程，做到❸的流程為止。省略❹的流程，把領口和蕾絲以正面朝向內側的方式重疊起來縫合。

把縫合之後的蕾絲的縫份壓向身片側。用熨斗確實燙出折痕。

當作學生服或水手服都行♪
水手領上衣

針、線　　膠水　　防綻液　　熨斗　　剪刀

材料

☐ 平布或喜愛的布料（15cm×15cm）
☐ 不織布（10cm×10cm）
☐ 3mm寬的緞帶（30cm）
☐ 魔鬼氈（0.5cm×2.5cm）

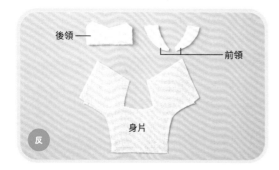

反

後領
前領
身片

1　描繪紙型裁剪布料

描繪紙型裁剪布料，備妥4塊裁片。用容易鬚邊的布料製作時要先在布邊塗抹防綻液。

反

2　脇邊收邊之後，從肩膀部分反折

在綠線部分剪出牙口，把脇邊部分朝著布料的反面反折起來用膠水黏住。以正面朝向內側的方式對齊邊角從肩膀部分折疊起來。

反

3　縫合脇邊

確認過前身片和後身片的疊合狀態之後，把紅線部分縫合。

反

4　收邊處理

把在 ③ 縫合脇邊部分的身片攤開，用膠水將縫份黏住。黏牢之後把布料翻面。

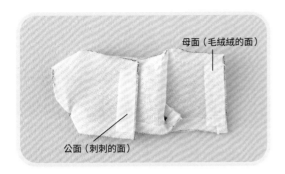

母面（毛絨絨的面）

公面（刺刺的面）

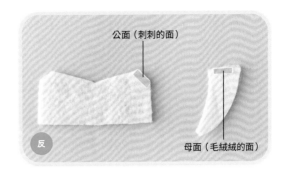

公面（刺刺的面）

反

母面（毛絨絨的面）

5 在後身片黏上魔鬼氈

如照片所示把魔鬼氈用膠水黏上去。

6 在領子裁片黏上魔鬼氈

在後領裁片正面的右上方黏上魔鬼氈的公面（刺刺的面），在左側的前領裁片的反面上方黏上母面（毛絨絨的面）。

7 在領子裁片上刺繡之後，貼在本體裁片上

在左後身片的領口塗抹膠水，把後領裁片貼上去。接著一面再次確認與後領裁片的連接狀態一面把前領裁片貼上去。

正

正

Point

黏貼之前要先在領子裁片做刺繡。或是以布用麥克筆畫上線條。前領和後領的連接狀態也要仔細確認才行。

8 熨燙之後黏上蝴蝶結

用熨斗燙過，仔細地把形狀調整好。在左右的前領裁片中央一帶，把事先綁成蝴蝶結的緞帶用膠水黏上去。

完成！

Point

緞帶的顏色和領子為同色系的話會呈現水手服風格，若使用紅色緞帶的話，則會呈現學生服風格。

棉花娃衣的潮流款！

中國風上衣

針、線　膠水　防綻液　熨斗　剪刀　夾子珠針

材料

☐ 平布或喜愛的布料
　（20cm×20cm）

☐ 魔鬼氈（0.5cm×2cm）

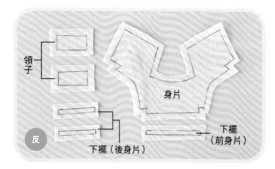

領子
身片
下襬（前身片）
反
下襬（後身片）

①　描繪紙型裁剪布料

描繪紙型裁剪布料，備妥6塊裁片。用容易鬚邊的布料製作時要先在布邊塗抹防綻液。

反

**②　脇邊收邊之後，
　　從肩膀部分反折**

在綠線部分剪出牙口，把脇邊部分朝著布料的反面反折起來用膠水黏住。

身片＝ 正
下襬＝ 反

**③　把下襬裁片和身片的
　　下襬接合**

將前身片的下襬和後身片的下襬，以正面朝向內側的方式分別把下襬裁片重疊起來縫合。接著以正面朝向內側的方式從紅線部分折好。

Point

後身片的下襬很容易把縫合邊弄錯，請特別留意。

④ 縫合脇邊

確認過前身片和後身片的疊合狀態之後,把紅線部分縫合。

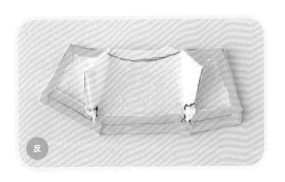

⑤ 收邊處理

把在④縫合的身片攤開,用膠水將縫份黏住。黏牢之後把布料翻面。

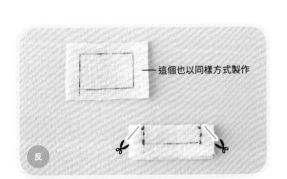

這個也以同樣方式製作

⑥ 把領子裁片的兩端縫合

把領子裁片從中央折疊起來做出折痕。接著將兩端縫合,把角剪掉,小心不要剪到縫線。領子裁片要製作2個。

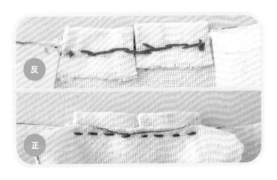

⑦ 把領子裁片和身片接合

在身片的領口位置把2塊領子裁片分別以正面朝向內側的方式重疊起來縫合。縫合之後把縫份壓向身片,用熨斗燙過。

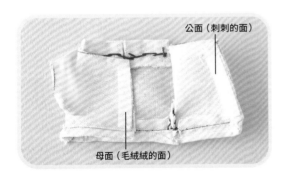

公面(刺刺的面)

母面(毛絨絨的面)

⑧ 黏上魔鬼氈

如照片所示把魔鬼氈用膠水黏上去。

⑨ 加上裝飾

在胸口依喜好繡上花樣。使用喜愛的緞帶或繩子也OK。

完成!

用這件來個時尚大變身！
洋裝

 針、線　 膠水　 防綻液　 熨斗　剪刀

材料

- ☐ 平布或喜愛的布料
  （30cm×20cm）
- ☐ 蕾絲（20cm，樣式任選）
- ☐ 魔鬼氈（1.5cm×2cm）

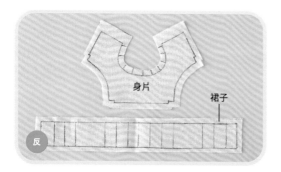

身片　裙子　反

1 描繪紙型裁剪布料

描繪紙型裁剪布料，備妥2塊裁片。用容易鬚邊的布料製作時要先在布邊塗抹防綻液。

先在縫份剪出牙口　反

2 收邊處理

先在脇邊和領口的縫份剪出牙口。把邊緣的縫份反折起來，用膠水黏住。後身片的兩端不用黏，從紅線部分反折起來。

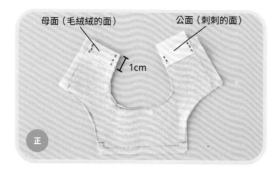

母面（毛絨絨的面）　公面（刺刺的面）　1cm　正

3 縫上魔鬼氈

在❷折疊起來的左後身片的照片中位置縫上魔鬼氈公面，在右後身片的照片中位置縫上魔鬼氈母面。

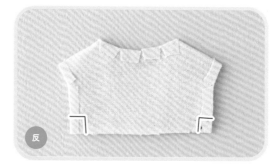

反

4 把身片反折起來，縫合脇邊

以正面朝向內側的方式從肩膀部分折疊起來，確認過前身片和後身片的疊合狀態之後，把紅線部分縫合。

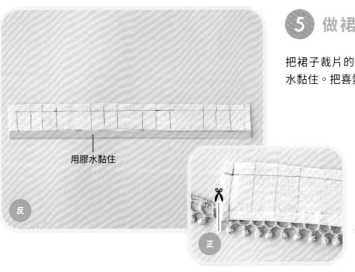

5　做裙子裁片的下襬收邊

把裙子裁片的下襬朝著布料的反面反折起來，用膠水黏住。把喜愛的蕾絲用膠水黏上去。

用膠水黏住

反

正

Point

蕾絲要剪長一點，黏好之後再將多餘部分剪掉。

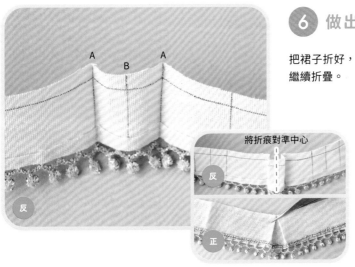

6　做出打褶

把裙子折好，將折出來的邊（A）對準打褶的線（B）繼續折疊。

A　　B　　A

將折痕對準中心

反

反

正

Point

在上方部分用膠水稍微黏住，或是以疏縫的方式把褶子固定好。

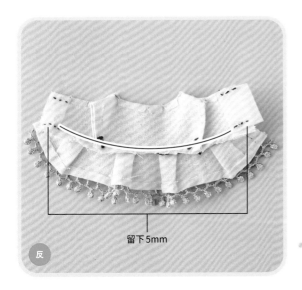

7　把身片和裙子接合

把裙子和身片的中心對齊，以正面朝向內側的方式重疊擺好。在裙子的兩端各留下5mm不縫，把裙子和身片縫合起來。

留下5mm

反

Point

把縫份壓向裙子側，用熨斗燙過。

⑧ 把裙子的兩端接合

把在❼留下不縫的裙子兩端縫份以正面朝向內側的方式疊好縫合起來。縫合之後翻回正面調整形狀。

完成！

Arrange

英倫風洋裝

在裙子上運用蕾絲的禮服風版本，以及裙子和身片採用不同布料的款式都很可愛！這裡介紹的是運用蕾絲的英倫風洋裝作法！

裙子的部分使用蕾絲也很OK！

變化版的作法

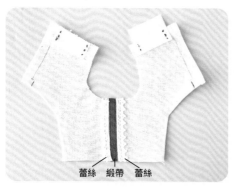

蕾絲　緞帶　蕾絲

省略❷的領口收邊、做到❸的流程為止。把緞帶和蕾絲用膠水黏在前身片上，做出門襟。

以正面朝向內側的方式把蕾絲和身片重疊縫合，連同後身片的兩端縫份一起縫住。

完成！

和洋裝超搭！
簡易假領

針、線　膠水　防綻液　剪刀

材料

☐ 不需處理布邊的蕾絲布
　（20cm×20cm）

☐ 緞帶（30cm）

① 描繪紙型裁剪布料

描繪紙型裁剪布料，備妥2塊裁片。即使是不會鬚邊的布料，若是蕾絲的話還是得事先塗抹防綻液。

2塊重疊

② 夾入緞帶，將領子裁片重疊

在領子裁片的兩端分別放上緞帶，再把另一塊裁片重疊在上面。

③ 把領子裁片的頂端縫住，翻面

把夾著緞帶的領子裁片頂端部分左右分別縫住，翻面。

④ 把領子裁片的周圍縫合

完成！

沿著翻面之後的領子裁片的周圍將紅線部分縫合。

大大的帽子可以完全覆蓋！
帽T

針、線　膠水　防綻液　剪刀

材料

☐ 雙面針織布
或起毛布等
柔軟布料
（30cm×30cm）

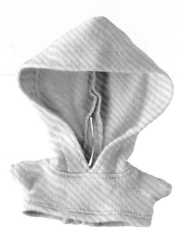

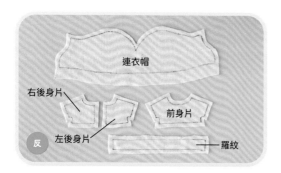

1 描繪紙型裁剪布料

描繪紙型裁剪布料，備妥5塊裁片。用容易鬚邊的布料製作時要先在布邊塗抹防綻液。

圖標：連衣帽、右後身片、左後身片、前身片、羅紋、反

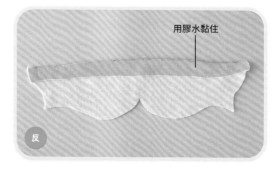

2 連衣帽收邊

把連衣帽的縫份朝著反面反折起來用膠水黏住。採用從距離折痕1.2cm的位置縫合起來的收邊方式也OK。

圖標：用膠水黏住、反

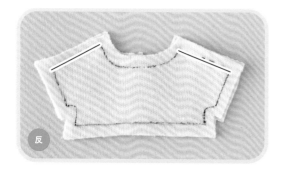

3 把前身片和後身片重疊縫合

把1塊前身片和2塊後身片以正面朝向內側的方式重疊起來，將紅線部分縫合。

圖標：反

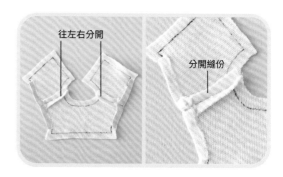

4 袖子收邊

把在 3 縫合的身片攤開，往左右分開縫份※。把袖子的縫份朝著反面反折起來，用膠水黏住。

圖標：往左右分開、分開縫份

※ 把縫份攤開，將其壓向左右兩側的意思。

44

※ 顯露於布料正面的裝飾性針趾。

⑤ 把連衣帽和身片縫合

把連衣帽裁片和身片裁片接合起來用夾子或珠針暫時固定，對準同樣的記號縫合起來。縫合之後，在領口剪出牙口。

Point

有縫紉機的話，可將縫份壓向身體側再縫上裝飾線[※]，讓成品變得更加美觀。

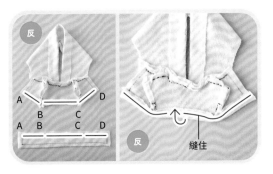

⑥ 縫合脇邊

確認過前身片和後身片的疊合狀態之後，把紅線部分縫合。

⑦ 把下襬和羅紋縫合

把身片的下襬和羅紋裁片，以正面朝向內側的方式對準同樣的記號重疊起來縫合。接著把羅紋裁片朝著反面反折起來縫住。

⑧ 縫合連衣帽

把連衣帽的左右對齊疊好，縫合至紅線部分為止。

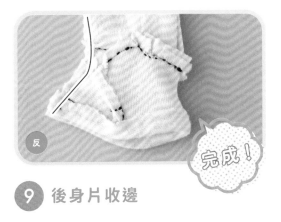

完成！

⑨ 後身片收邊

把下襬到連衣帽沒縫到部分的縫份縫起來，縫好之後翻面。

不分季節都活躍！
動物吊帶褲

材料

- 平布或喜愛的薄布料
  （10cm×20cm）
- 鼻用不織布（5cm×5cm）
- 耳用不織布
  （5cm×5cm）
- 5mm寬的緞帶（10cm）
- 水鑽（2個）

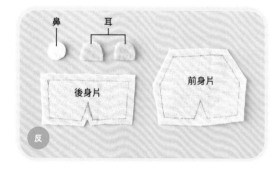

1 描繪紙型裁剪布料

描繪紙型裁剪布料，備妥5塊裁片。用容易鬚邊的布料製作時要先在布邊塗抹防綻液。

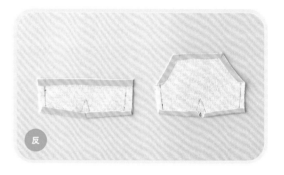

2 收邊處理

把前身片和後身片的腰部、下襬、胸部周邊的縫份朝著反面反折起來用膠水黏住。

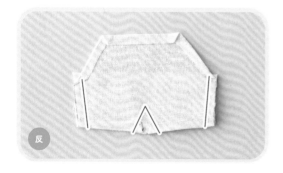

3 把前身片和後身片縫合

把前身片和後身片的下襬邊角確實對齊，將紅線部分縫合。

4 剪掉股下的多餘布料

把股下部分的多餘布料沿著縫線剪掉。小心不要剪到縫線。

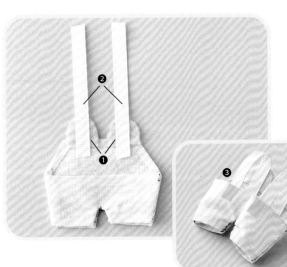

5 把耳朵裁片及吊帶，和前身片接合

在前身片的內側，把2塊耳朵裁片對齊左右端擺好，用膠水黏住（❶）。在耳朵上面把裁成5cm的緞帶重疊擺好，用膠水黏住（❷）。把緞帶的另一端黏在後身片上（❸）。

把吊帶黏在後身片上之前，最好先穿在棉花娃身上確認吊帶的長度比較保險。但要等到塗抹在前身片上的膠水完全乾燥了才能試穿。

Chapter

2

棉花娃衣的作法　應用篇

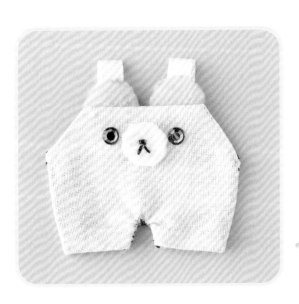

6 貼上五官部件

把依喜好設計好的鼻子裁片用膠水貼在胸部的中央附近。以鼻子裁片為基準，在左右貼上水鑽做出臉部五官。有鑷子的話做起來會更容易。

Point

鼻子裁片的刺繡要事先做好。利用水鑽或以布用簽字筆畫上圖案也OK！

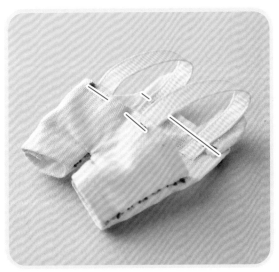

7 縫住吊帶進行補強

等在❺黏好的吊帶部分膠水乾了之後，再稍微縫住進行補強。

完成！

也能當作舞台裝！
王子造型服

材料

- [ ] 平布
  或喜愛的布料（20cm×20cm）
- [ ] 起毛布或不織布等等
  喜愛的布料（20cm×20cm）
- [ ] 5mm寬的緞帶（20cm）
- [ ] 3mm寬的緞帶（20cm）
- [ ] 2mm寬的珠子（6個）
- [ ] 魔鬼氈（0.5cm×2.5cm）

1 描繪紙型裁剪布料

描繪紙型裁剪布料，備妥2塊裁片。用容易鬚邊的布料製作時要先在布邊塗抹防綻液。

2 收邊處理

把身片的縫份朝著布料的反面反折起來用膠水黏住。領口因為是曲線，所以要事先剪出牙口才容易反折。

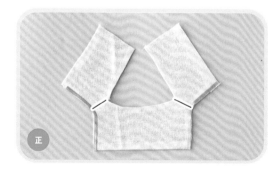

3 在脇邊貼上緞帶

從左右脇邊的一端到另一端為止，沿著邊緣把3mm寬的緞帶用膠水黏上去。以布料的正面朝向內側的方式從紅線部分反折起來。

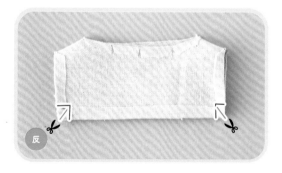

4 縫合脇邊，剪出牙口

把❸的脇邊部分縫合。在綠線部分剪出牙口，小心不要剪到縫線。翻面。

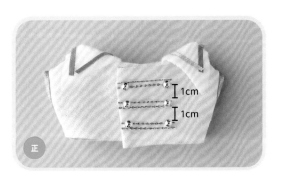

先在縫份剪出牙口

反

5 把領子裁片黏在身片上

依喜好在距離領子裁片的邊緣約3～5mm的位置，把3mm寬的緞帶用膠水黏上去。黏好緞帶之後，把領子裁片用膠水黏在身片上。

Point

塗抹膠水之前要先擺在本體裁片上確認位置。領子裁片也要事先剪出牙口，這樣才容易貼合。

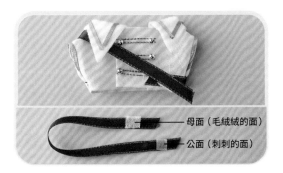

正

1cm

1cm

6 黏上緞帶，縫上珠子

把裁成2cm的3mm寬緞帶在身片的正面以1cm的間隔黏上3條。接著在緞帶的兩端縫上珠子。珠子用膠水黏上去也OK。

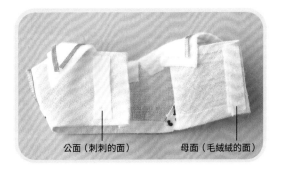

公面（刺刺的面）　　母面（毛絨絨的面）

7 黏上魔鬼氈

如照片所示把魔鬼氈用膠水黏上去。

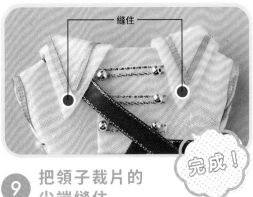

縫住

母面（毛絨絨的面）
公面（刺刺的面）

完成！

8 在飾帶用緞帶上黏上魔鬼氈

在裁成14cm的5mm寬緞帶上，如照片所示黏上5mm長的魔鬼氈。

9 把領子裁片的尖端縫住

把緞帶的魔鬼氈公面部分縫在本體上，把領子裁片的角以針腳不明顯的方式縫在本體上。不縫而是用膠水黏住也OK。

可直接披在洋裝外面
動物斗篷

材料

- ☐ 表布用毛絨布料（30cm×30cm）
- ☐ 裡布用薄布料（30cm×30cm）
- ☐ 1cm寬的暗釦（1組）

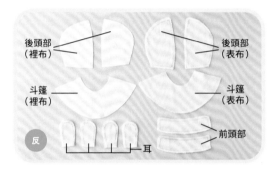

後頭部（裡布）　後頭部（表布）
斗篷（裡布）　斗篷（表布）
前頭部
耳
反

1 描繪紙型裁剪布料

描繪紙型裁剪布料，備妥12塊裁片。用黏塵滾輪清除毛屑。在3種耳朵紙型中這次使用的是兔耳。

收攏成為1塊裁片
反　正

2 縫合耳朵裁片

把耳朵裁片2塊一組以正面朝向內側的方式重疊縫合。縫好之後翻回正面。使用兔耳的話請將耳朵的根部縮縫收攏。

3 把裡布接合

首先把帽身的裡布裁片以正面朝向內側的方式縫合起來。然後再把縫好的帽身裡布和斗篷部分的裡布縫合起來。

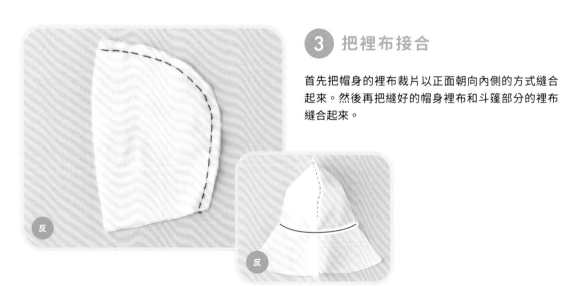

反

反

④ 把後頭部裁片和前頭部裁片接合

把後頭部裁片的表布以正面朝向內側的方式重疊起來,將外側縫合。前頭部裁片的表布只縫合最上方處。

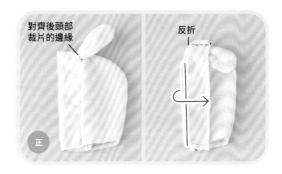

⑤ 把後頭部裁片、前頭部裁片、耳朵裁片接合

把耳朵裁片對齊在④接合的後頭部裁片邊緣擺好。以布料正面朝向內側的方式把前頭部裁片重疊上去,夾住耳朵縫合起來。

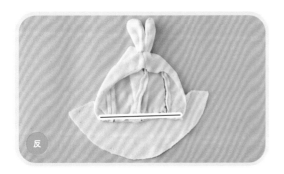

⑥ 把頭部裁片和斗篷裁片接合

把在⑤接合的頭部裁片和斗篷裁片表布的邊緣對齊,以正面朝向內側的方式重疊起來縫合。

⑦ 把表布和裡布縫合

把在③做好的裡布和在⑥做好的表布以正面朝向內側的方式重疊縫合。為了⑧的翻面需要,邊端必須留下3〜5cm不縫。

⑧ 翻面之後,收合返口

從在⑦留下不縫的返口將布料翻回正面。翻面之後,把布料朝內側折入,用膠水黏住收合。

⑨ 縫上暗釦

確認斗篷部分的疊合狀態後,把暗釦縫上去。

完成!

51

和棉花娃一起享受夏天
浴衣

材料

- [ ] 平布
  或喜愛的布料（30cm×30cm）
- [ ] 1cm寬的緞帶（20cm）
- [ ] 魔鬼氈（0.5cm×1cm）

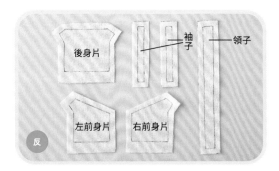

1 描繪紙型裁剪布料

描繪紙型裁剪布料，備妥6塊裁片。用容易鬚邊的布料製作時要先在布邊塗抹防綻液。

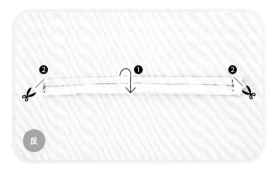

2 把領子裁片的兩端縫合

把領子裁片對折起來做出折痕（❶）。接著將兩端縫合，把角剪掉（❷），小心不要剪到縫線。

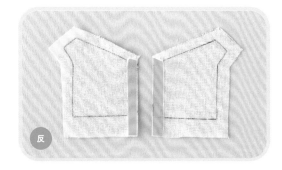

3 前身片收邊

把左右的前身片縫份，分別朝著反面反折起來用膠水黏住。以縫合的方式收邊也OK。

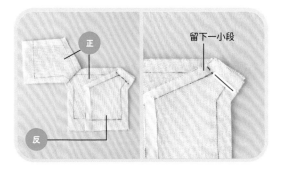

4 把前身片和後身片縫合

把前身片和後身片以正面朝向內側的方式重疊起來縫合。在肩膀部分留下一小段不縫的話，❼的流程做起來會更順暢。

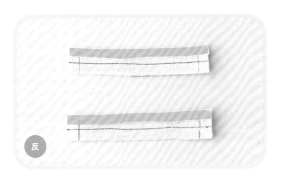

5 袖子收邊

把袖子裁片的縫份分別朝著反面反折起來,用膠水黏住。

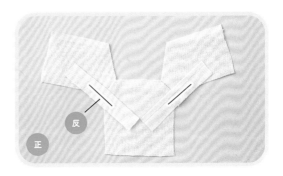

6 把身片和袖子接合

把在❹縫合的前身片和後身片攤開,在紅線部分和袖子裁片縫合。

7 把領子裁片縫上去

把在❷做好的領子裁片的中心和後身片的中心對齊,縫合起來。在接近縫線下方的位置,從身片的一端到另一端為止,在正面也縫一道線。

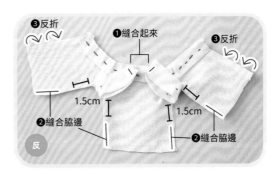

8 把袖子和脇邊縫合

把袖子的下部縫合起來(❶),在距離縫上領子位置約1.5cm的下方將脇邊縫合(❷)。把下襬以5mm的寬度反折2次,用膠水黏住(❸)。

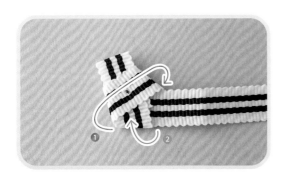

9 將緞帶打結

在緞帶的兩端塗抹防綻液,反折1.5cm縫住。打結之後把打結處也縫住,裁成14cm,再將末端反折1.5cm縫住。

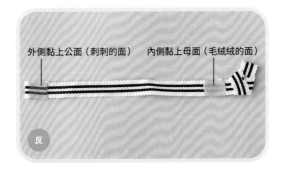

10 黏上魔鬼氈

在打結處所在的一側用膠水黏上魔鬼氈的母面,在另一側的末端黏上魔鬼氈的公面。

為日常場景增添色彩
圍裙

材料

- [ ] 平布
  或喜愛的布料（10cm×15cm）
- [ ] 5mm 寬的緞帶（20cm）
- [ ] 魔鬼氈（0.5cm×1cm）
- [ ] 3mm 寬的鉚釘（2個、樣式任選）

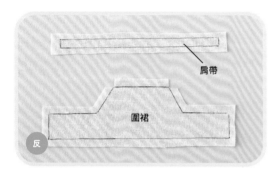

肩帶

圍裙

反

1 描繪紙型裁剪布料

描繪紙型裁剪布料，備妥2塊裁片。用容易鬚邊的布料製作時要先在布邊塗抹防綻液。

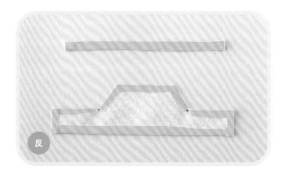

反

2 收邊處理

把本體和肩帶裁片的縫份朝著布料的反面反折起來，用膠水黏住。

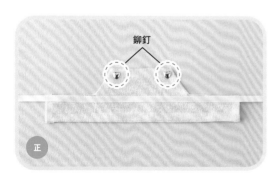

鉚釘

正

3 在腰部黏上緞帶，加上裝飾

確認腰部和緞帶的中心，對齊之後把緞帶用膠水黏在本體上。依喜好加上鉚釘等裝飾。

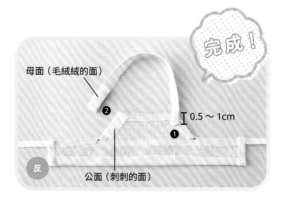

完成！

母面（毛絨絨的面）

0.5～1cm

反

公面（刺刺的面）

4 縫上肩帶，黏上魔鬼氈

把肩帶裁片的末端反折0.5～1cm左右，縫在本體上（❶）。在另一側的末端和圍裙的反面用膠水把魔鬼氈黏上去（❷）。

和棉花娃一起歡度聖誕！
聖誕老人套裝

 針、線 膠水  防綻液 熨斗 剪刀

材料

- 喜愛的紅色布料（30cm×30cm）
- 白色不織布（10cm×10cm）
- 3mm 寬的白色緞帶（40cm）
- 5mm 寬的白色緞帶（15cm）

- 3mm 寬的黑色緞帶（15cm）
- 2號魚線（20cm）
- 裝飾毛球（1個）
- 2mm 寬的鉚釘（2個）

- 魔鬼氈
  （0.5cm×2cm）

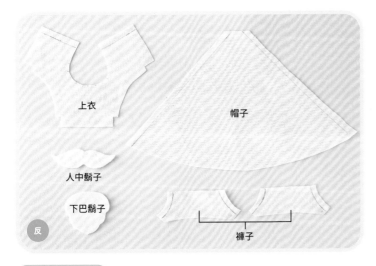

上衣

帽子

人中鬍子

下巴鬍子

反

褲子

① 描繪紙型裁剪布料

描繪紙型裁剪布料，備妥6塊裁片。
用容易鬚邊的布料製作時要先在布
邊塗抹防綻液。

製作上衣

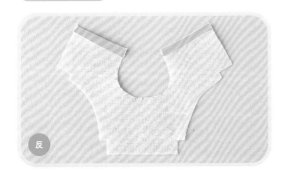

反

先在縫份剪出牙口

正

② 做上衣裁片的兩端收邊

把上衣裁片的後身片的邊端縫份朝著反面反折起
來，用膠水黏住。

③ 在領口和脇邊貼上緞帶

在上衣裁片的領口把5mm寬的白色緞帶，脇邊把
3mm寬的白色緞帶用膠水黏上去。要先在綠線部分
剪出牙口才容易貼合。

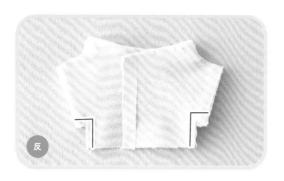

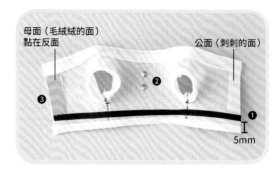

母面（毛絨絨的面）
黏在反面

公面（刺刺的面）

❷

❸

❶

5mm

4 縫合脇邊

把上衣裁片以正面朝向內側的方式從肩膀部分折疊起來，將紅線部分縫合之後翻面。這時可以依喜好將3mm寬的白色緞帶黏在下襬上。

5 黏上緞帶和鈕釦之後，再黏上魔鬼氈

在距離下襬5mm的上方把黑色緞帶用膠水黏上去（❶），在前身片的中央黏上鉚釘（❷）。在後身片的兩端黏上魔鬼氈（❸）。

製作褲子

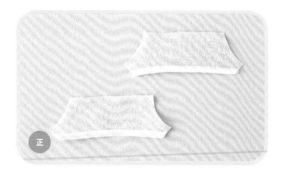

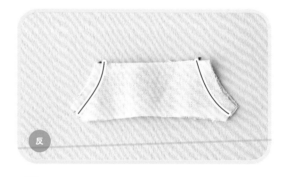

6 在褲子裁片黏上緞帶

在褲子裁片的下襬部分把3mm寬的白色緞帶用膠水黏上去。

7 把褲子裁片縫合

把在⑥做好的2塊褲子裁片以正面朝向內側的方式重疊起來，將紅線部分縫合。

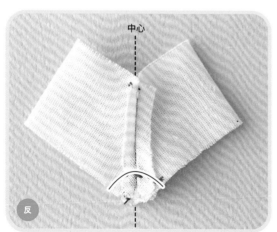

中心

8 把縫份攤開，縫合股下

把⑦的縫份對準中央折疊好，用熨斗燙出折痕。把縫份往左右分開※，將紅線部分縫合。縫合之後，翻回正面調整形狀。

完成！

※ 把縫份攤開，將其壓向左右兩側的意思。

製作帽子

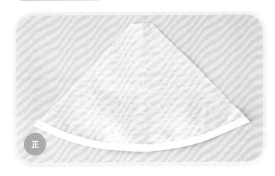

⑨ 黏上緞帶

在帽子裁片的下襬把3mm寬的白色緞帶用膠水黏上去。依喜好使用5mm寬的緞帶也OK（照片中使用的是5mm寬的緞帶）。

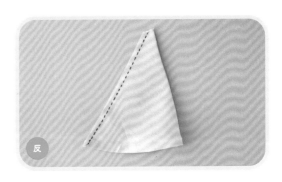

⑩ 把帽子裁片的兩端縫合

把帽子裁片的兩端以正面朝向內側的方式疊好，從一端縫合至另一端。縫好之後把縫份往左右分開，翻回正面。

⑪ 把帽子裁片折疊起來，黏住

把⑩的縫份對準中央，從距離下襬約7cm的位置向後折疊起來，用膠水黏住。

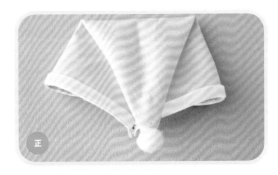

⑫ 在帽子的尖端黏上裝飾毛球

在反折起來的⑪的帽子尖端塗上膠水，把裝飾毛球黏上去。

完成！

製作鬍子

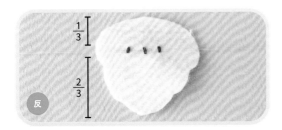

⑬ 把魚線縫在下巴鬍子裁片上

把魚線縫在下巴鬍子裁片反面的距離下方約2/3的位置。縫好之後，先確認棉花娃的頭圍、調整好魚線長度，再打結固定。

⑭ 把人中鬍子裁片黏在下巴鬍子裁片上

在下巴鬍子裁片的正面，把人中的鬍子裁片用膠水黏上去，將⑬的縫線隱藏起來。

完成！

專為商務人士角色的棉花娃製作！
西裝套裝

紙型 104 ～ 105 頁

 針・線 膠水 防綻液 熨斗 鬆緊帶穿帶器 剪刀

材料

- 喜愛的布料（30cm×30cm）
- 白色的薄布料（20cm×20cm）
- 布襯（20cm×20cm）
- 5mm寬的鈕釦（樣式任選）
- 5mm寬的緞帶（10cm）
- 5mm寬的皮帶扣（1個）
- 5mm寬的暗釦（1組）
- 3mm寬的鬆緊帶（15cm）
- 1mm寬的鬆緊帶（15cm）

領帶結　領帶本體　襯衫門襟
襯衫領子　襯衫身片
背心
外套領子布襯
外套折邊
外套領子
褲子
外套身片
外套下襬折邊
 反

① 描繪紙型裁剪布料

描繪紙型裁剪布料，備妥16塊裁片。用容易鬚邊的布料製作時要先在布邊塗抹防綻液。

製作領帶

反

② 收邊之後，夾入鬆緊帶

把領帶本體裁片的縫份朝著反面反折起來用膠水黏住。夾入1mm寬的鬆緊帶，如照片所示反折起來，黏住。

③ 安裝領帶結

把領帶結裁片的上下縫份反折起來用膠水黏住，安裝在②做好的領帶本體裁片上方，用膠水黏住。

58

④ 把外套的領子裁片和布襯縫合

把外套領子裁片和布襯以布料正面朝向內側的方式重疊，沿著外側的邊緣縫一圈。縫好之後翻回正面。

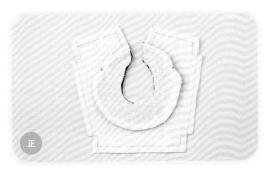

⑤ 把外套身片裁片和外套領子裁片重疊起來

在外套身片裁片的上面，把在④做好的外套領子裁片對齊領口重疊起來。

⑥ 把折邊疊在外套領子裁片上縫合起來

在⑤的外套領子裁片上方，把外套折邊裁片也重疊上去。從外套下襬縫合至另一側的下襬為止。

⑦ 折邊翻面之後，做袖子收邊

把在⑥縫好的折邊裁片翻面，用熨斗熨燙黏合。把袖子部分的縫份朝著反面反折起來，用膠水黏住。

⑧ 把下襬的折邊縫合，翻面

把下襬的折邊以布料正面朝向內側的方式重疊起來，將紅線部分縫合後，翻面。用熨斗熨燙牢牢黏合。

⑨ 縫合脇邊

把⑧從肩膀部分反折起來，縫合脇邊部分。在脇邊部分剪出牙口之後翻面，依喜好在正面的疊合部位加上鈕釦。

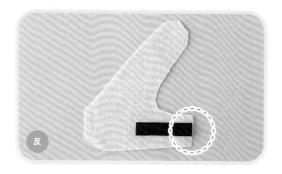

10 黏上緞帶

在背心裁片的下方把緞帶以收入內側的方式擺好，用膠水將邊端黏住。

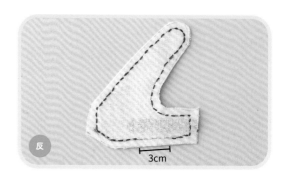

11 把2塊背心裁片重疊縫合

在黏上緞帶的⑩背心裁片上方把另1塊裁片重疊起來縫合。為了⑫的翻面需要，必須留下3cm左右不縫。

12 翻面之後，收合返口

從在⑪留下的返口將布料翻回正面。翻面之後，把布料朝內側折入用膠水黏住收合返口。

13 把背心裁片的脖子部分接合

依照⑩～⑫的流程做好2塊背心裁片，把各自的脖子部分重疊起來縫合固定。依喜好加上鈕釦等等裝飾也OK。

14 把緞帶穿過皮帶扣

把左右的緞帶穿過皮帶扣，用膠水黏住，讓皮帶扣固定。

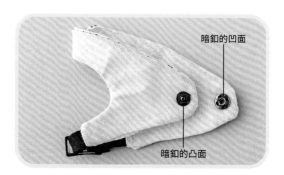

暗釦的凹面

暗釦的凸面

15 縫上暗釦

確認過背心的疊合狀態之後，把暗釦縫上去。依喜好在正面縫上鈕釦。

製作褲子

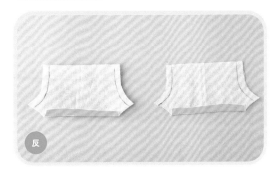

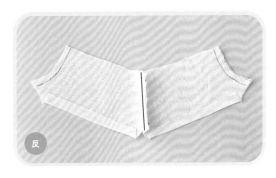

16 下襬收邊

把左右褲子裁片的下襬朝著反面反折起來用膠水黏住。

17 縫合股上

把在 **16** 做好收邊處理的褲子裁片以正面朝向內側的方式重疊起來,將股上部分縫合。

18 把腰部縫合,穿入鬆緊帶

把 **17** 的縫份往左右分開※,將腰部朝著布料的內側反折1cm(**❶**)。從距離折痕約7mm的位置縫合之後,穿入3mm寬的鬆緊帶(**❷**)。

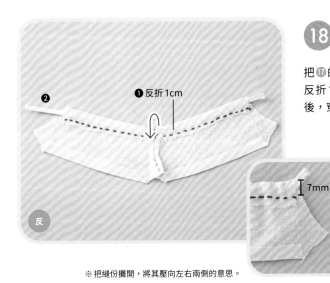

❷

❶反折1cm

7mm

※ 把縫份攤開,將其壓向左右兩側的意思。

Point

由於縫合部分很長,所以要小心別讓它滑開移位。先用熨斗確實燙出折痕,再用夾子或珠針暫時固定的話,縫起來才會輕鬆。

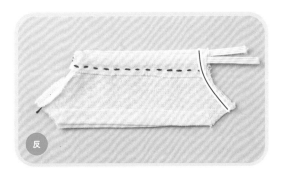

19 縫合股上

把 **18** 的兩端對齊,將紅線部分縫合。縫好之後,配合棉花娃的腰圍打結,剪掉多餘的部分。

20 縫合股下,剪出牙口

把紅線部分縫合起來,剪出牙口。翻回正面調整形狀。

完成!

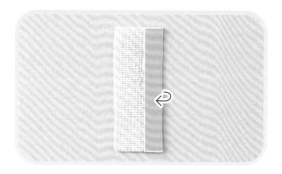

21 門襟收邊

把門襟裁片的縫份朝著反面反折起來，用膠水黏住。

22 把門襟和襯衫身片接合

把門襟裁片和襯衫身片裁片以布料正面朝向內側的方式重疊起來，將紅線部分縫合。

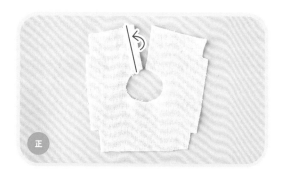

23 把門襟反折起來縫住

把在㉒縫好的門襟裁片朝著襯衫身片裁片的正面反折起來，將邊端縫住。

24 把領子的兩端縫合

把領子裁片以布料正面朝向內側的方式折疊起來，兩端縫合。縫好之後把角剪掉，小心不要剪到縫線。翻回正面。

25 把領子和身片接合

把在㉔做好的領子裁片和在㉓做好的襯衫身片裁片的正面領口對齊，用夾子或珠針暫時固定並縫合起來。

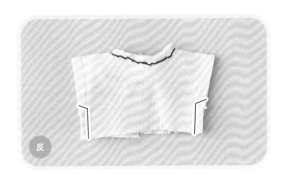

26 袖子收邊

把袖子部分的縫份朝著反面反折起來，用膠水黏住。

27 縫合脇邊

以布料正面朝向內側的方式從肩膀部分反折起來，將紅線部分縫合。

28 下襬收邊

把下襬的縫份朝著反面反折起來，用膠水黏住。以縫合的方式收邊也OK。

Point

有縫紉機的話可先車好布邊。

29 縫上暗釦

確認過襯衫的疊合狀態之後，把暗釦縫上去。使用魔鬼氈的話，使用膠水把魔鬼氈黏上去。

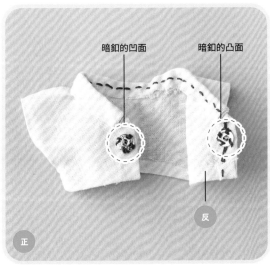

暗釦的凹面　　暗釦的凸面

完成！

熱熔膠 & 標籤的去除方法

市售的棉花娃常是利用熔解樹脂來黏著的熱熔膠槍
把印刷好的服裝黏上去,或是在腳底縫上標籤。
本篇要介紹的就是熱熔膠及標籤的去除方法。

熱熔膠的去除方法

在熱熔膠附著的部分用吹風機的溫風加熱。

等到熱熔膠變軟之後,輕輕地把黏住的衣服撕掉。

用廚房紙巾等把附著在本體上的熱熔膠輕輕擦拭乾淨。

標籤的去除方法

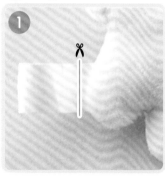

避免損害棉花娃本體,小心地從距離根部約3mm的地方把標籤剪掉。

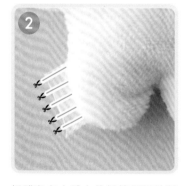

把殘留在本體上的標籤細細地剪開。

利用鑷子或拔毛器把變成纖維狀的標籤拔掉。

Chapter

3

棉花娃配件小物
的作法

第 3 章是棉花娃專用
配件小物的作法解說。
將各種配件小物的組合搭配，
能讓棉花娃衣展現出更佳的獨創性。
結合第 1 章和第 2 章製作的棉花娃衣，
好好享受穿搭的樂趣吧！

酷炫裝扮的最佳選擇！
棒球帽

針、線　膠水　防綻液　熨斗　剪刀　夾子珠針

材料

☐ 丹寧布
　或合成皮等等喜愛的布料
　（20cm×30cm）
☐ 棉花（少量）

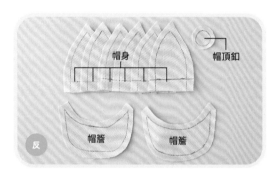

帽身　　　帽頂鈕

反　　　帽簷　　　帽簷

① 描繪紙型裁剪布料

描繪紙型裁剪布料，備妥9塊裁片。用容易鬚邊的布料製作時要先在布邊塗抹防綻液。

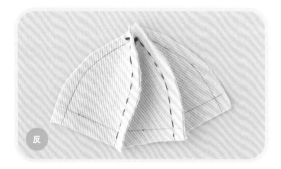

反

② 把帽身裁片3塊縫合

把2塊帽身裁片以正面朝向內側的方式重疊起來，縫合一側之後，在旁邊將另一塊也縫合起來。製作2組3塊縫合的裁片。

③ 把2組帽身裁片
進一步縫合

把在②縫合的帽身裁片以正面朝向內側的方式重疊起來，將紅線部分縫合。

反

4 把帽簷裁片縫合

把2塊帽簷裁片以正面朝向內側的方式重疊縫合。翻面之後用熨斗燙過，仔細地把形狀調整好。

 Point

用合成皮製作的話，由於帽簷裁片不會鬚邊所以只用1塊也OK！可以省略④、直接跳到⑤的流程。

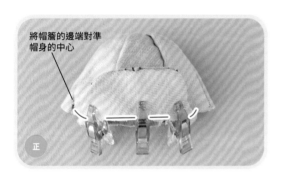

將帽簷的邊端對準帽身的中心

5 把帽簷裁片和帽身裁片接合

把帽簷裁片和帽身裁片疊好，用夾子或珠針暫時固定之後將紅線部分縫合。收針結要藏在帽身裁片的反面。

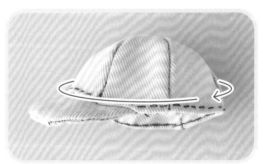

6 把下襬反折縫住

把下襬朝著內側反折1cm，在5～7mm左右的位置縫一圈。縫好之後用熨斗燙過，確實地做出折痕。

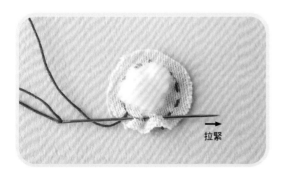

拉緊

7 在帽頂釦裁片裡包入棉花縫住

在帽頂釦裁片上放置少量棉花，在邊緣做細密的平針縫。縫完一圈之後把線拉緊，在根部牢牢地打結以免鬆脫。

8 縫上帽頂釦

從棒球帽的反面把線穿出，把帽頂釦縫上去。用膠水黏上市售的裝飾毛球來取代帽頂釦也OK。

完成！

能夠完全覆蓋頭部！
水桶帽

針・線　防綻液　熨斗　剪刀　夾子珠針

材料

☐ 丹寧布
　或不織布等等喜愛的布料
　（30cm×40cm）
☐ 布襯（10cm×20cm）

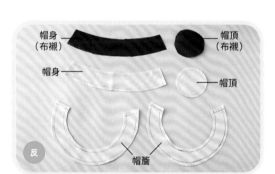

帽身（布襯）　　帽頂（布襯）
帽身　　帽頂
帽簷
反

① 描繪紙型裁剪布料

描繪紙型裁剪布料，備妥6塊裁片。用容易鬚邊的布料製作時要先在布邊塗抹防綻液。

反

② 黏上布襯

在帽身和帽頂的反面把布襯重疊擺好，直到邊緣為止仔細地用熨斗燙過，牢牢黏合。黏上布襯的話才不容易變形。

反

③ 把帽簷裁片縫合

把2塊帽簷裁片以正面朝向內側的方式重疊起來，沿著邊緣將外側縫合。

反

④ 把帽簷裁片的兩端縫合

把帽簷裁片的兩端連接起來縫合。有縫紉機的話，可沿著邊緣壓上裝飾線[※]。縫合之後翻回正面用熨斗燙平。

※ 顯露於布料正面的裝飾性針趾。

反

留下3cm左右不縫

⑤ 把帽頂裁片 和帽身裁片縫合

把帽頂裁片和帽身裁片以正面朝向內側的方式疊好,用夾子或珠針暫時固定之後,將紅線部分縫合。

Point

由於縫份很容易移位,沒辦法一口氣全部縫完,為了方便後續調整,必須留下3cm左右不縫。

反

⑥ 把帽身裁片的兩端縫合

把帽身裁片兩端的邊角對齊,將紅線部分縫合。縫合之後,把在⑤留下不縫的部分也縫合起來。做完這個步驟之後先翻回正面。

⑦ 把帽身裁片 和帽簷裁片縫合

把帽身裁片和帽簷裁片用夾子或珠針暫時固定之後,將紅線部分縫合。

Point

有縫紉機的話可在帽簷裁片和帽身裁片的縫份邊緣壓上裝飾線,讓成品更加美觀。

完成!

正

雙面款式可愛加倍
鬱金香帽

材料

☐ 丹寧布
　或喜愛的布料2種
　（各30cm×30cm）

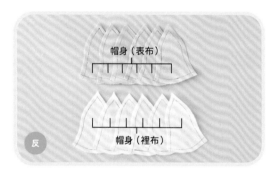

1 描繪紙型裁剪布料

描繪紙型裁剪布料，備妥12塊裁片。用容易鬚邊的布料製作時要先在布邊塗抹防綻液。

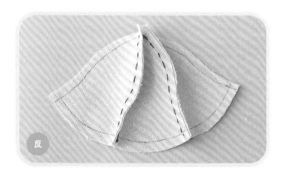

2 把帽身裁片縫合

把2塊帽身裁片以正面朝向內側的方式重疊起來，縫合一側之後，在旁邊將另一塊也縫合起來。製作4組3塊接合的裁片。

3 把2組帽身裁片
進一步縫合

把在❷縫合的帽身裁片用熨斗燙過分開縫份※。以正面朝向內側的方式把相同的布料重疊起來，將紅線部分縫合。

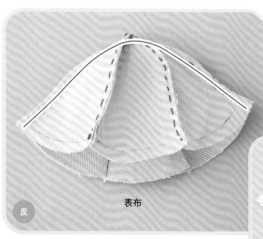

表布

裡布

※ 把縫份攤開，將其壓向左右兩側的意思。

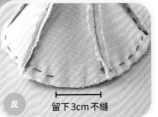

留下3cm不縫

④ 把表布和裡布縫合

把在❸做好的表布裁片和裡布裁片以正面朝向內側的方式重疊起來,將邊緣縫合。為了❺的翻面需要,必須留下3cm不縫。

⑤ 翻面之後收合返口

從在❹留下不縫的返口將布料翻回正面。翻面之後,把返口位置的布料朝內側折入用膠水黏住收合。

⑥ 用熨斗燙出折痕

在邊緣位置用熨斗燙過,確實地燙出折痕,調整形狀。

Point

有縫紉機的話可沿著邊緣在距離3mm左右的位置壓上裝飾線※,讓成品更加美觀。

※顯露於布料正面的裝飾性針趾。

一起幫棉花娃慶生！
生日帽

紙型
第
108
頁

膠水　鑷子　剪刀　夾子
　　　　　　　　　珠針

材料

☐ 本體用不織布2種
　（各30cm×30cm）

☐ 蠟燭用不織布4種
　（各5cm×5cm）

☐ 火焰用不織布
　（各5cm×5cm）

☐ 1.2cm寬的緞帶（60cm）

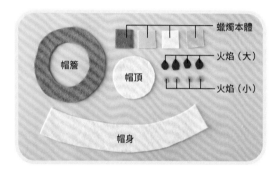

蠟燭本體
火焰（大）
火焰（小）
帽簷
帽頂
帽身

1　描繪紙型裁剪布料

描繪紙型裁剪布料，備妥15塊裁片。為了防止變
形，不織布較薄的情況必須將2塊貼合來使用。

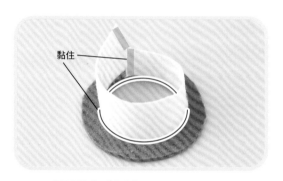

黏住

2　把帽身裁片和帽簷裁片黏合

在帽簷裁片內側的邊緣塗上膠水，沿著邊緣把帽身
裁片黏住。側面兩端的重疊部分也先用膠水黏住。

3　把帽身裁片和帽頂裁片黏合

在帽身裁片的上部邊緣塗上膠水，把帽頂裁片放上
去。用手指輕輕按壓邊緣，小心別把形狀壓扁，將
裁片牢牢黏合。

4　在帽身裁片黏上緞帶

在帽身裁片的中央附近用裁成24cm的緞帶圍起來。
讓緞帶的兩端在正面疊合，確認過位置之後用膠水
黏住。

5 製作蝴蝶結，黏貼上去

用裁成25cm的緞帶製作蝴蝶結，黏貼在❹圍住帽身的緞帶上面，將兩端的疊合部分隱藏起來。

Point

蝴蝶結不是綁的，而是將緞帶交叉，然後用短一點的緞帶把交叉處纏起來藏住。在緞帶的末端剪出缺口，塗抹防綻液。

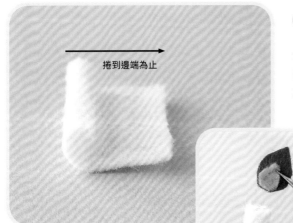

6 製作蠟燭

捲到邊端為止

在蠟燭本體的裁片上整面塗上薄薄的膠水，從邊端開始捲成棒狀，靜置乾燥。把火焰（小）裁片貼在火焰（大）裁片上面，用膠水黏在棒狀的蠟燭頂端。

Point

黏上火焰裁片的時候要多塗一點膠水，並且要一直壓著直到乾燥為止。

7 把蠟燭固定在本體上

在帽頂裁片的4個位置塗抹膠水，把在❻做好的蠟燭直立著黏上去。

完成！

用不會鬚邊的布料製作
動物帽

針、線　膠水　黏塵滾輪　剪刀

材料

- ☐ 毛絨布料（20cm×20cm）
- ☐ 不織布（3cm×3cm）
- ☐ 5mm寬的珠子（3個）

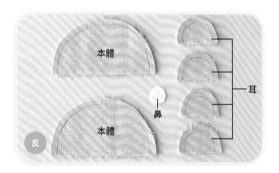

① 描繪紙型裁剪布料

描繪紙型裁剪布料，備妥7塊裁片。用黏塵滾輪清除毛屑。在3種耳朵紙型中這次使用的是熊耳。

**② 把本體裁片
和耳朵裁片分別縫合**

把2塊本體裁片以正面朝向內側的方式重疊縫合。耳朵裁片也同樣將2塊重疊縫合。

**③ 翻回正面，
把耳朵縫在本體上**

把本體裁片和耳朵裁片翻回正面，將耳朵裁片縫在本體裁片上。毛絨布料因為絨毛長、針腳較不明顯，所以用平針縫也OK！

④ 製作臉

完成！

在本體裁片的正面中央把塗有膠水的鼻子裁片貼上去，再黏上珠子。可依喜好加上鬍鬚或蝴蝶結等裝飾。

時尚寵兒的必需品！
貝雷帽

 針・線　 膠水　 防綻液　 剪刀

材料

　丹寧布
　或不織布等等的厚布料
　（10cm×20cm）

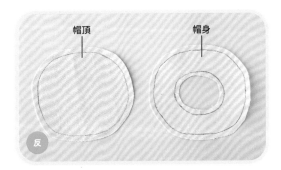

帽頂　　　帽身

1 描繪紙型裁剪布料

描繪紙型裁剪布料，備妥2塊裁片。用容易鬚邊的布料製作時要先在布邊塗抹防綻液。

2 做帽身裁片內側的收邊

在帽身裁片內側的縫份剪出牙口，朝著反面反折之後順著曲線縫住。

3 把帽身裁片
和帽頂裁片接合

把帽身裁片和帽頂裁片以正面朝向內側的方式重疊起來，將紅線部分縫合一圈。縫好之後翻回正面調整形狀。

 完成！

在萬聖節也超活躍！
髮箍

材料

- 不織布
  或起毛布等等喜愛的布料2種
  （10cm×20cm）
- 0.9mm寬的鐵絲（16cm）

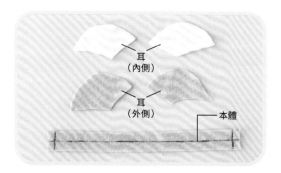

① 描繪紙型裁剪布料

描繪紙型裁剪布料，備妥5塊裁片。耳朵裁片請準備喜愛的動物耳朵4塊。這次使用的是貓耳。

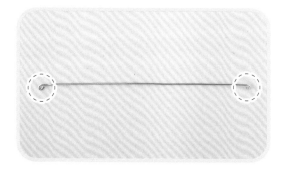

② 把鐵絲的末端彎成圈狀

由於末端不處理的話很容易會把布料戳破，所以必須先把鐵絲的兩端彎成圈狀。利用鑷子或鉗子就能輕易折彎。

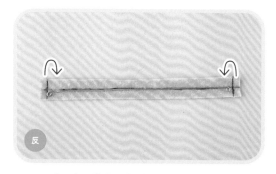

③ 在本體的中央放上鐵絲，做收邊處理

在本體裁片的中央放置②的末端彎成圈狀的鐵絲，再將兩端用膠水黏住做收邊處理。

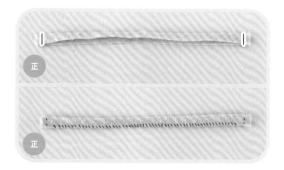

④ 把本體裁片對折縫合

把本體裁片對折，將紅線部分縫合。縫好之後將下部的邊緣以捲針縫縫合。要使用和布料相同顏色的線來縫，好讓針腳看起來不明顯。

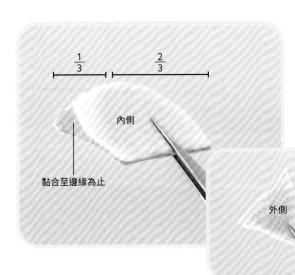

⑤ 把2塊耳朵裁片黏合

把耳朵裁片（外側）和耳朵裁片（內側）用膠水黏住。製作貓耳的時候，要等膠水乾了之後，再把黏合的耳朵裁片以內側用的布料保持朝向內側的方式，從大約1/3的位置折彎。

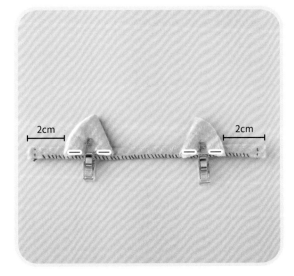

⑥ 把耳朵縫在本體上

在距離本體的左右邊端約2cm的位置，以耳朵朝向外側的方式把耳朵擺好，用夾子或珠針暫時固定之後，將紅線部分以捲針縫縫合。熊耳的情況是從距離邊端3cm、兔耳的情況是從距離邊端5.5cm的位置以耳朵向外的方式縫合。依喜好來調整縫合位置也OK！

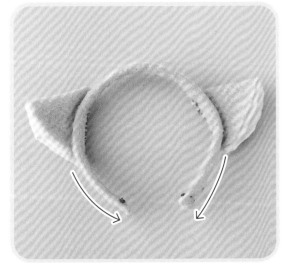

⑦ 把本體彎曲成半圓形

配合棉花娃的頭形，把本體的鐵絲折彎。稍微弄緊一點的話，戴在棉花娃頭上時才會穩固。

完成！

串珠斜背包

沙沙作響的有趣配件！

紙型
第 **110** 頁

材料

- [ ] 薄塑膠布（5cm×5cm）
- [ ] 漆皮（5cm×5cm）
- [ ] 鼻裁片用漆皮（樣式任選）
- [ ] 珠子、亮片（少量）

- [ ] 1mm寬的水鑽（1個）
- [ ] 6mm寬的眼珠配件（2個）
- [ ] 5mm寬的單圈（2個）
- [ ] 鍊條、扣頭（1組）

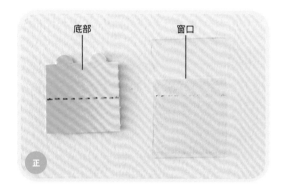

底部　　　　　窗口

正

1 描繪紙型裁剪布料

描繪紙型裁剪布料，備妥2塊裁片。

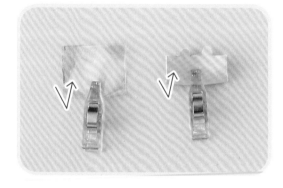

2 把布料分別對折

把塑膠裁片和底部裁片分別從中央對折。要確實做出折痕。

3 把塑膠裁片 黏在漆皮裁片上

以 ❷ 的折痕部分朝向外側的方式用底部裁片夾住透明裁片。在底部裁片的內側薄薄地塗上膠水黏住。只有側面維持開口的狀態。

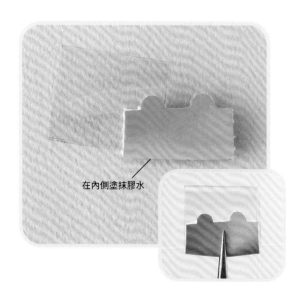

在內側塗抹膠水

Point

因為塑膠布很容易滑動，所以在膠水徹底乾燥之前必須用夾子牢牢夾住。另外，若是不做出折痕的話，布料會很容易分開，因此要確實壓出折痕以防止分開。

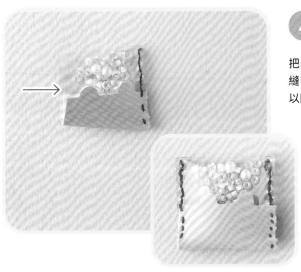

4 縫合一側，放入珠子之後收合

把一側用平針縫縫一道線。為免珠子掉出，針腳要縫得細密一點。縫好之後放入喜愛的珠子或亮片，以同樣方式將另一側也縫合起來。

Point

放入太多珠子的話，側邊會很難收合，這點要特別留意。若要放入數種珠子的話，只要先把珠子混合好再放進去就能放得均勻。

5 在側邊鑽洞，穿上鍊條

在④的斜背包本體中央處，用針或錐子在塑膠布的部分鑽洞，安裝單圈。把附帶扣頭的鍊條穿過單圈。

Point

鑽洞的位置若是太靠近邊緣的話，布料會很容易破裂，所以必須仔細地確認位置做好記號，然後再鑽洞。

6 黏上五官配件

在正面的中央處把水鑽用膠水黏上去。也可以依喜好貼上裁成圓形的漆皮裁片，再黏上水鑽。以水鑽為基準，在左右兩側把眼珠配件或水鑽用膠水黏上去完成臉部。有鑷子的話做起來會更方便。

完成！

可愛的蝴蝶結造型斜背包讓心情飛揚！
蝴蝶結斜背包

針、線　膠水　防綻液　鑷子　剪刀

材料

- ☐ 喜愛的薄布料（10cm×10cm）
- ☐ 1mm寬的鬆緊帶（15cm）
- ☐ 5～8mm寬的蕾絲（5cm）
- ☐ 吊飾、珠子（樣式任選）

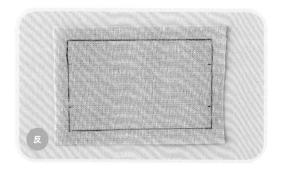

反

1 描繪紙型裁剪布料

描繪紙型裁剪布料，備妥1塊裁片。用容易鬚邊的布料製作時要先在布邊塗抹防綻液。

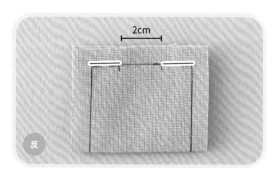

2cm

反

2 把布料的邊端對齊，留下中央之後縫合起來

把布料的邊端重疊起來縫合。為了 ❹ 的翻面需要，中央必須留下2cm左右不縫。

3 把縫份移到中央，將兩側縫合

把在 ❷ 縫好的縫份移到正中央的位置對齊疊好，做出折痕。把縫份往左右分開※，在兩側各縫一道線。

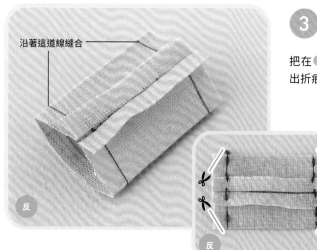

沿著這道線縫合 →

反

反

Point

先把縫份的角剪掉的話，翻面後的形狀才會漂亮。剪的時候要小心，不要剪到縫線。

※ 把縫份攤開，將其壓向左右兩側的意思。

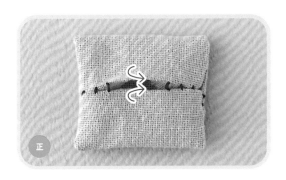

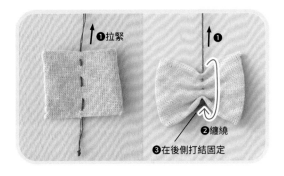

❶拉緊　❶

❷纏繞

❸在後側打結固定

④ 翻面之後，收合返口

從在②留下不縫的返口將布料翻回正面。翻面調整好形狀之後，把布料朝中間折入用膠水黏住收合返口。

⑤ 把中央縮縫收緊

在中央做細密的平針縫，把線用力拉緊（❶）。用線纏繞 2～3 圈（❷），在後側打結固定（❸）。

⑥ 在後側縫上鬆緊帶

把鬆緊帶打結做成圈狀，將打結處放在蝴蝶結的後側縫住固定。

Point

鬆緊帶的長度要配合棉花娃的身體尺寸做調整。

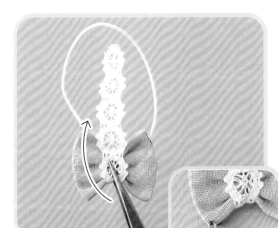

⑦ 在中央纏繞蕾絲，添加喜愛的裝飾

為了把⑥的鬆緊帶縫合痕跡隱藏起來，所以在本體的中央把蕾絲從後方開始纏繞一圈，用膠水黏住。在蝴蝶結的打結處及上方等位置，縫上喜愛的吊飾或珠子加以裝飾。

完成！

Point

把喜愛的布料裁成5mm左右的寬度來取代蕾絲也OK。

裡面可以裝小東西！

背包

材料

☐ 合成皮（10cm×20cm）
☐ 3mm寬的皮帶扣（4個，樣式任選）
☐ 3mm寬的鈕釦（1個，樣式任選）
☐ 魔鬼氈（1cm×2cm）

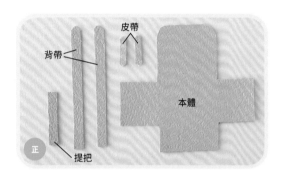

1 描繪紙型裁剪布料

描繪紙型裁剪布料，備妥6塊裁片。紙型使用的是掀蓋的樣式。

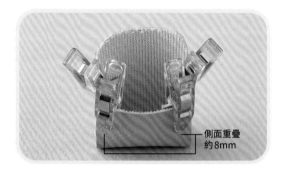

2 把本體裁片組裝起來

把本體裁片組裝起來，用夾子或珠針暫時固定。仔細地確認好要在哪個位置縫合。

3 把本體裁片的正面和側面縫合

把本體裁片正面和側面重疊的地方縫合。左右兩邊都要縫合。

Point

由於外側看得到縫線，所以必須好好思考縫線的顏色。選擇與布料相近的顏色看起來比較低調，刻意選用醒目的顏色來突顯針腳的作法也很可愛！

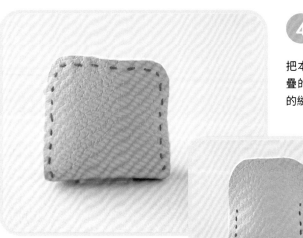

④ 把本體裁片的後側縫合

把本體裁片的後側縫合。從右下到左下把和側面重疊的地方以及掀蓋的邊緣縫合一圈。由於掀蓋邊緣的縫線也會當作裝飾線,所以要仔細地縫。

Point

不想突顯縫線的話,只把和側面重疊的左右兩處縫合也OK!

⑤ 將提把和背帶裁片的上部縫在本體裁片上

將提把放在本體裁片的中央,確認位置之後縫在本體上。縫好提把之後,把左右背帶裁片的上部緊靠著提把兩旁一起縫住固定。由於是細小的配件,所以要盡量縫得細密一點。

Point

背帶裁片和提把裁片也可以用3〜5mm寬的緞帶替代。

⑥ 將背帶裁片的下部縫在本體裁片上

事先把左右的背帶裁片分別穿過喜愛的皮帶扣。在本體的右下和左下附近,把在⑤只縫住上部的背帶裁片的下部縫住固定。

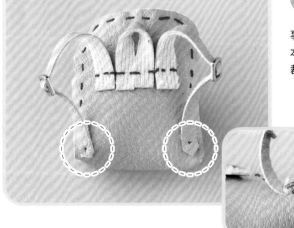

Point

打收針結的時候,要盡量把結藏在背帶反面不顯眼的位置。

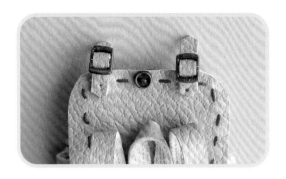

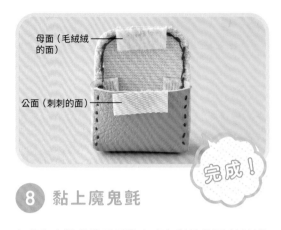

母面（毛絨絨的面）

公面（刺刺的面）

完成！

7 縫上鈕釦和皮帶

在掀蓋的中央下方附近，把喜愛的鈕釦縫上去。接著把穿過皮帶扣的皮帶裁片上方縫在掀蓋的左右。

8 黏上魔鬼氈

在背包本體裁片正面黏上魔鬼氈的公面（刺刺的面），在掀蓋的反面黏上母面（毛絨絨的面）。

Arrange

跳色掀蓋背包

只要更換掀蓋的顏色，就能變化出無窮盡的設計！試著變換掀蓋的造型及布料材質，做出別具一格的創意背包吧！

加上飾品或蕾絲也很可愛！

變化版的作法

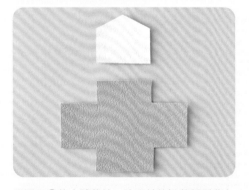

不選用❶的本體裁片，改用其他掀蓋類型背包的本體裁片及喜愛的掀蓋形狀來描繪紙型、裁剪布料。

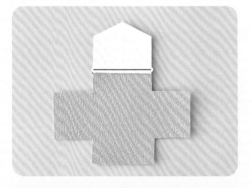

把掀蓋裁片重疊在本體裁片的正面上方，將紅線部分縫合。縫合之後，再從❷的流程開始接下去製作。

和棉花娃一起預防「感冒」！
口罩

剪刀　防綻液

材料

☐ 不織布
　或起毛布等等喜愛的布料
　（10cm×10cm）

① 描繪紙型裁剪布料

描繪紙型裁剪布料，備妥1塊裁片。用容易鬚邊的布料製作時要先在布邊塗抹防綻液。

② 把掛耳用的開口挖空

剪開之前先擺在棉花娃的臉上確認耳朵的位置，用記號筆做上記號進行微調。把掛耳的部分用剪刀挖空。挖空一邊之後，再將另一邊也挖空。

完成！

Point

挖空時把布料折起來的話會更好剪。

嬰兒套裝

紙型 第 **111** 頁

 針、線　 膠水　 防綻液　 熨斗　 剪刀　夾子珠針

材料

- 嬰兒帽用薄布料（20cm×20cm）
- 圍兜用鋪棉布等等的厚布料（5cm×5cm）
- 1.5cm寬的荷葉邊蕾絲（50cm）
- 5mm寬的緞帶（66cm）
- 裝飾用1cm寬的緞帶（21cm）
- 奶嘴用不織布2色（各5cm×5cm）
- 單圈（1個）
- 2號魚線（20cm）

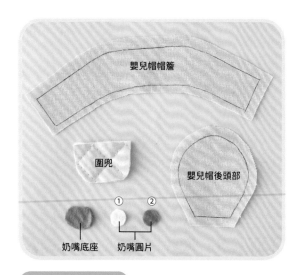

嬰兒帽帽簷

圍兜

嬰兒帽後頭部

① ②

奶嘴底座　奶嘴圓片

① 描繪紙型裁剪布料

描繪紙型裁剪布料，備妥6塊裁片。用容易鬚邊的布料製作時要先在布邊塗抹防綻液。

製作嬰兒帽

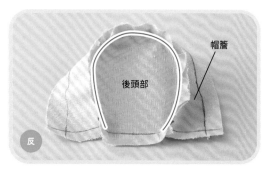

後頭部　　帽簷

反

② 把後頭部裁片和帽簷裁片縫合

把後頭部裁片和帽簷裁片疊好，用夾子或珠針暫時固定之後縫合起來。

反

③ 把下襬反折縫住

把下襬朝著內側反折5mm，在距離下襬3mm左右的位置從一端縫到另一端。使用柔軟布料的話，不縫而是用膠水黏住也OK。

4 把2塊蕾絲貼合，黏在帽簷裁片上

首先把2塊蕾絲重疊貼合。接著把貼合的蕾絲擺在帽簷裁片正面、距離下襬1cm左右的位置，用膠水牢牢黏住。有縫紉機的話可車縫上去。

Point

把2塊蕾絲貼合的時候，最好是錯開2～3mm才能充分展現出蕾絲的飄逸感。

⊢ 2～3mm

5 把帽子繫帶用緞帶縫在帽簷裁片的反面

準備2條裁成20cm的5mm寬的緞帶。把緞帶末端約1cm縫在帽簷裁片的反面。在另一側也以同樣方式將緞帶縫住。

6 在蕾絲的黏合處貼上緞帶隱藏起來

在 4 的帽簷裁片正面黏上蕾絲的黏合處塗抹膠水，貼上1cm寬的緞帶將黏合處隱藏起來。用手指牢牢壓緊之後靜置乾燥。

完成！

7 把圍兜和蕾絲縫合

把裁成10cm左右的蕾絲擺在圍兜裁片上,用夾子或珠針暫時固定之後縫合起來。把轉角處蕾絲的多餘部分仔細地折疊好,將超出邊緣的蕾絲剪掉。

Point

選擇寬度約1.5cm的蕾絲才能清楚地看到蕾絲部分,增添「飄逸感」。希望低調一點的話,可使用寬度約1cm的蕾絲。

8 把縫份壓平黏住

把在 7 做好的圍兜裁片翻到反面,用熨斗燙平。為了確保圍兜穿在棉花娃身上時不會亂翹,所以要先在縫份上塗抹膠水再壓平黏住。

把鋪棉布的縫隙封住

Point

用鋪棉布製作時,若先在布料的側面塗上膠水把縫隙封住的話,成品會更美觀。

9 在圍兜的正面黏上緞帶

把裁成26cm的5mm寬緞帶中心對準圍兜的中心擺好,確認疊合的位置。沿著圍兜裁片的上部邊緣塗抹膠水,把緞帶黏上去。

完成!

Point

可在緞帶上面黏上蝴蝶結或珠子等配件,依喜好加以裝飾。

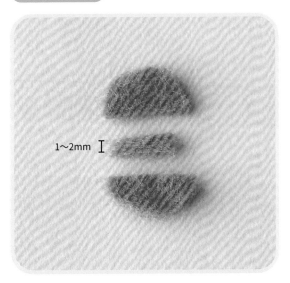

1～2mm

**⑩ 把圓形裁片的中央
剪掉1mm左右**

把1塊圓形裁片的中央剪掉1～2mm左右,變成2塊半圓形裁片。剪掉的寬度要依照準備的單圈的粗細做調整。小心不要把另一塊圓形裁片也剪開。

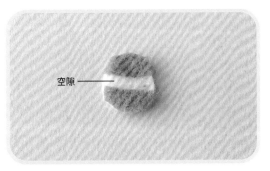

空隙

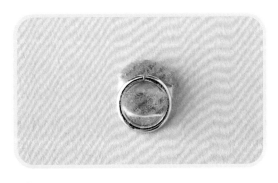

**⑪ 把半圓形裁片
貼在圓形裁片上**

在留下不剪的圓形裁片上,把在⑩做好的2塊半圓形裁片對齊外側邊緣用膠水貼住。在⑩剪掉的地方會形成一道空隙。

⑫ 把單圈嵌入空隙中黏住

把單圈嵌入在⑪做好的裁片空隙中用膠水黏住。有鉗子的話,先把單圈弄平一點會更容易嵌入。

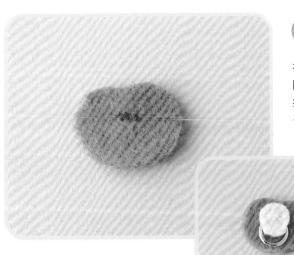

**⑬ 把魚線縫在底座裁片上,
再貼上圓形裁片**

在底座裁片的反面縫上魚線。把在⑫做好裁片的半圓形面塗抹膠水,貼在底座裁片中央把縫上魚線的痕跡隱藏起來。確認過棉花娃的頭圍之後把魚線的長度調整好打結固定。

完成!

歡迎光臨nuinui洋服店

**接著來介紹一下負責監修本書的
棉花娃、玩偶服裝專門店「nuinui洋服店」。**

「nuinui洋服店」是位於東京池袋的一間專營棉花娃、玩偶服裝的展售店。以沉穩的白色為基調的店內展示櫃裡，陳列著各式各樣由委託作家所製作的棉花娃及玩偶用的服裝與配件，顧客能夠悠閒地享受購物的樂趣。視作品而定，有些還能讓棉花娃直接試穿，所以更加安心！每週六、日提供預約服務，在池袋周邊遊玩後，何不帶著心愛的棉花娃一起去挑一套適合的衣服呢？

店內還設有模擬各種場景的拍照區，讓棉花娃能夠換上剛買的衣服當場進行「棉花娃攝影」。拍照區的佈景會隨著季節更換，所以不管造訪幾次都能體驗到不同的樂趣。店內也有販售方便進行「棉花娃攝影」的「棉花娃支架」以及「棉花娃拍攝神器」等創意商品。

只要插入
衣服和棉花娃之間
就能站立起來！

店鋪情報

地址

〒170-0013
東京都豐島區東池袋1-31-8 星大樓3樓
池袋車站東口徒步5分鐘

營業日

六、日 14:00～18:00（可預約）
平日（三、五）16:00～19:00
詳細營業時間請至X（前Twitter）查詢

X（前Twitter）

@nuinui_youfuku

官網

https://nuinui-youfukuten.square.site/

Chapter

4

紙型

第 4 章刊載的是 1 ～ 3 章介紹款式的紙型。
用於 10cm 棉花娃時，
可影印原尺寸的紙型。
紙型影印下來之後，
先沿著外側的線剪下來描繪到布料上。
等外側的線描繪好之後，
再沿著內側的線剪下來，
正確地把紙型描繪出來。

紙型也可以到下記網址下載。
https://bit.ly/4cp84Dp

- 請在手邊電腦的瀏覽器上輸入上記URL前往下載網頁，把想要製作的作品的紙型下載下來。
- 下載之後開啟紙型的PDF檔案，在「實際尺寸（100%）」、「直向頁面」的設定下用A4紙列印（10cm娃娃的尺寸）。
- 本下載網頁為購入本書之本人專用。禁止將上記URL告知第三者或散布於網際網路及社群網站。
- 禁止以營利為目的販售本書的紙型以及利用本書的紙型製作出來的作品。

T恤（P16）

用於10cm尺寸的棉花娃請依原尺寸影印
用於15cm尺寸的棉花娃請放大170%影印

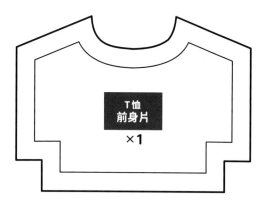

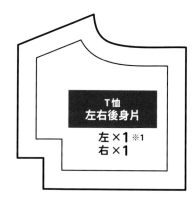

褲子（P18）

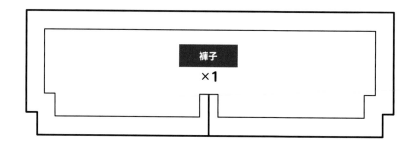

拉鍊牛仔褲（P20）

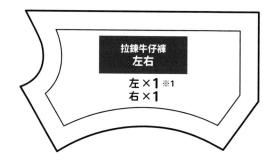

※1 左用的紙型是翻面使用

影印時請壓到這道線為止

波浪圓裙（P22）

運動鞋（P23）

運動鞋
側面
×1

運動鞋
前面
×1

運動鞋
鞋底
×3

連身衣（P29）

波浪圓裙
×1

連身衣
左右後身片
左×1※1
右×1

連身衣
前身片
×1

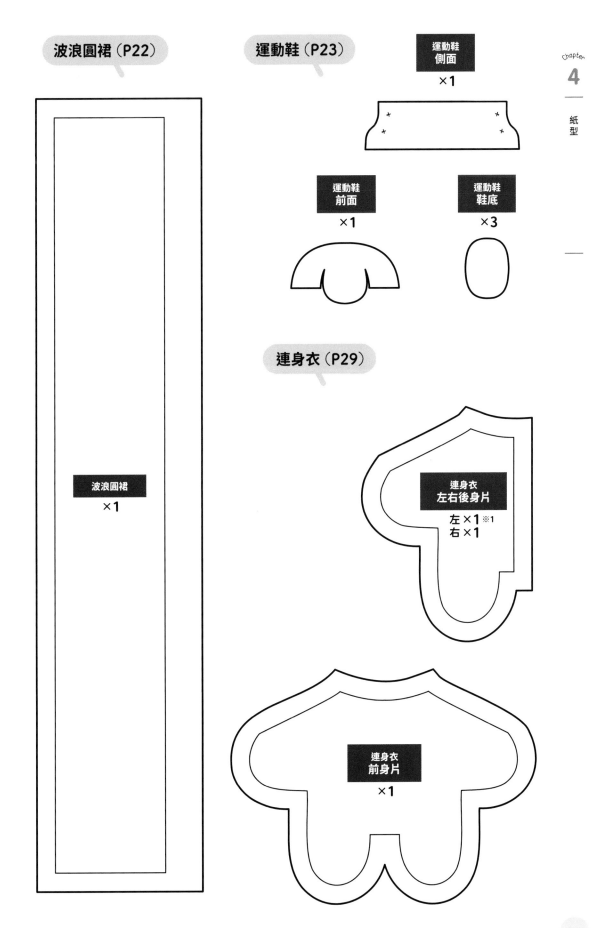

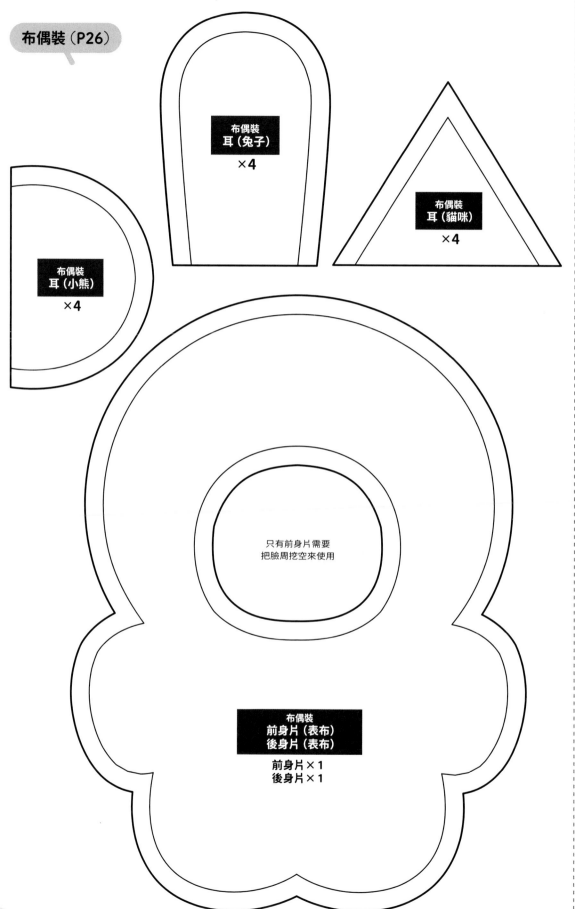

布偶裝（P26）

布偶裝
耳（兔子）
×4

布偶裝
耳（貓咪）
×4

布偶裝
耳（小熊）
×4

只有前身片需要
把臉周挖空來使用

布偶裝
前身片（表布）
後身片（表布）

前身片×1
後身片×1

←影印時請壓到這道線為止

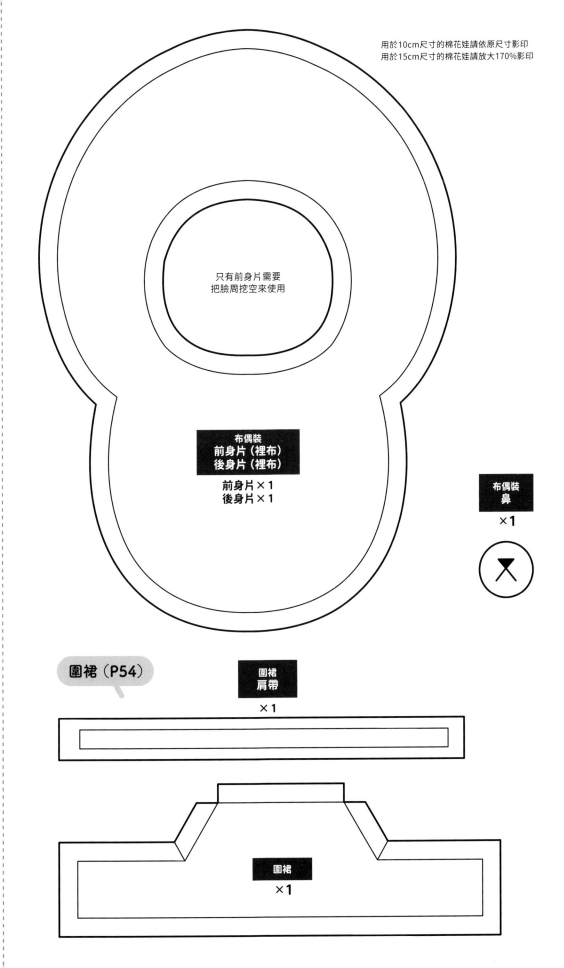

只有前身片需要
把臉周挖空來使用

布偶裝
前身片（裡布）
後身片（裡布）

前身片×1
後身片×1

布偶裝
鼻

×1

圍裙（P54）

圍裙
肩帶

×1

圍裙

×1

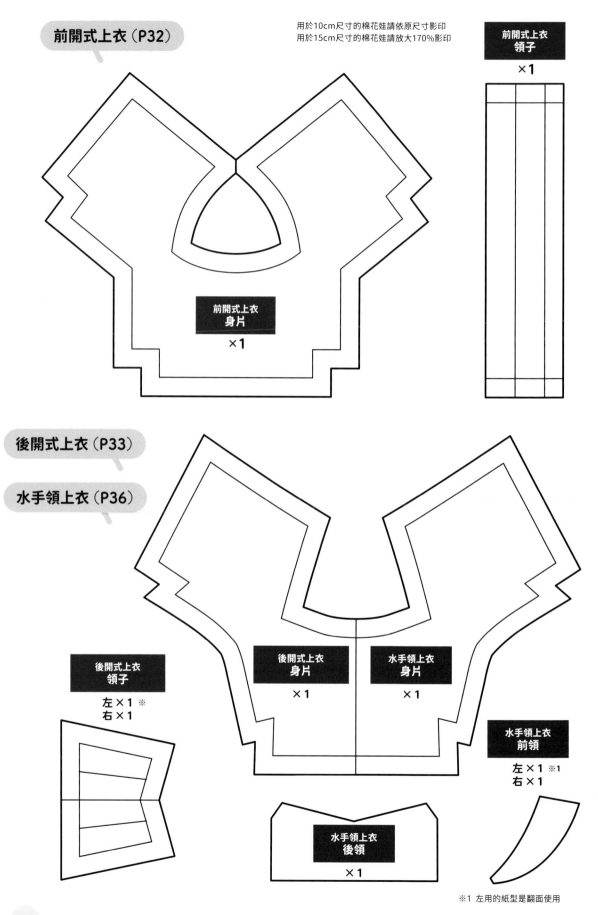

前開式上衣（P32）

用於10cm尺寸的棉花娃請依原尺寸影印
用於15cm尺寸的棉花娃請放大170%影印

**前開式上衣
領子**

×1

**前開式上衣
身片**

×1

後開式上衣（P33）

水手領上衣（P36）

**後開式上衣
領子**

左×1 ※
右×1

**後開式上衣
身片**

×1

**水手領上衣
身片**

×1

**水手領上衣
前領**

左×1 ※1
右×1

**水手領上衣
後領**

×1

※1 左用的紙型是翻面使用

影印時請壓到這道線為止

中國風上衣（P38）

中國風上衣
領子
×2

中國風上衣
身片
×1

中國風上衣
下襬（後身片）
×2

中國風上衣
下襬（前身片）
×1

洋裝（P40）

洋裝
裙子
×1

洋裝
身片
×1

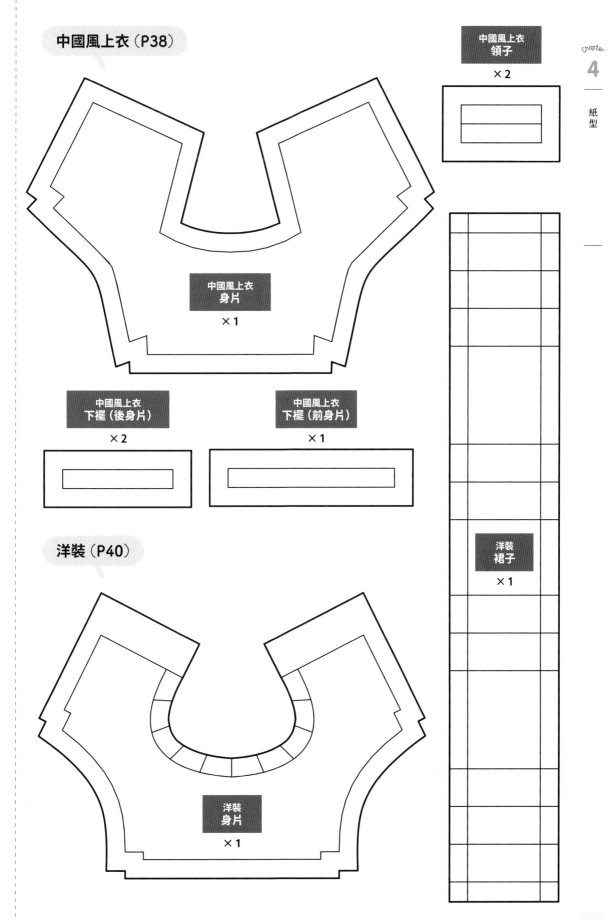

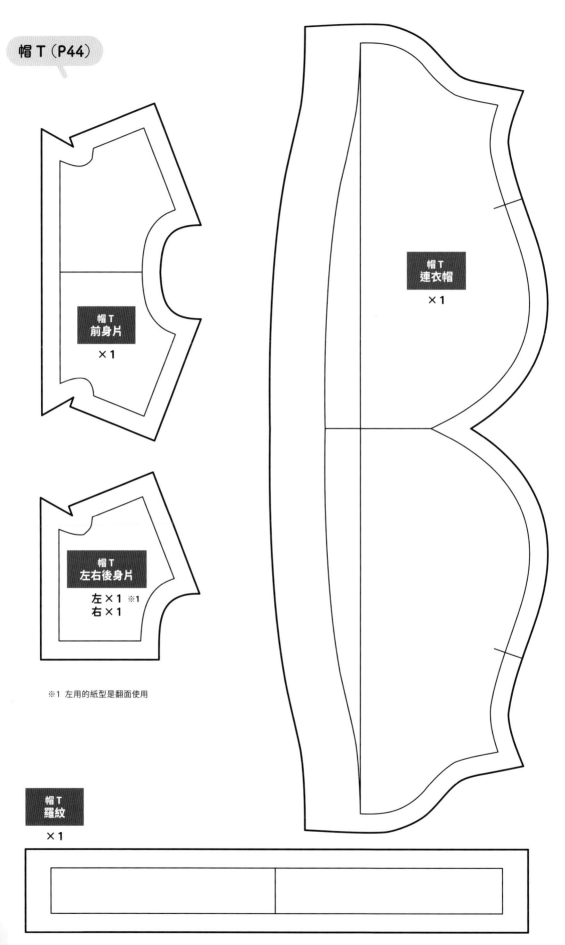

帽T（P44）

帽T
前身片
×1

帽T
左右後身片
左 ×1 ※1
右 ×1

帽T
連衣帽
×1

※1 左用的紙型是翻面使用

帽T
羅紋
×1

← 影印時請壓到這道線為止

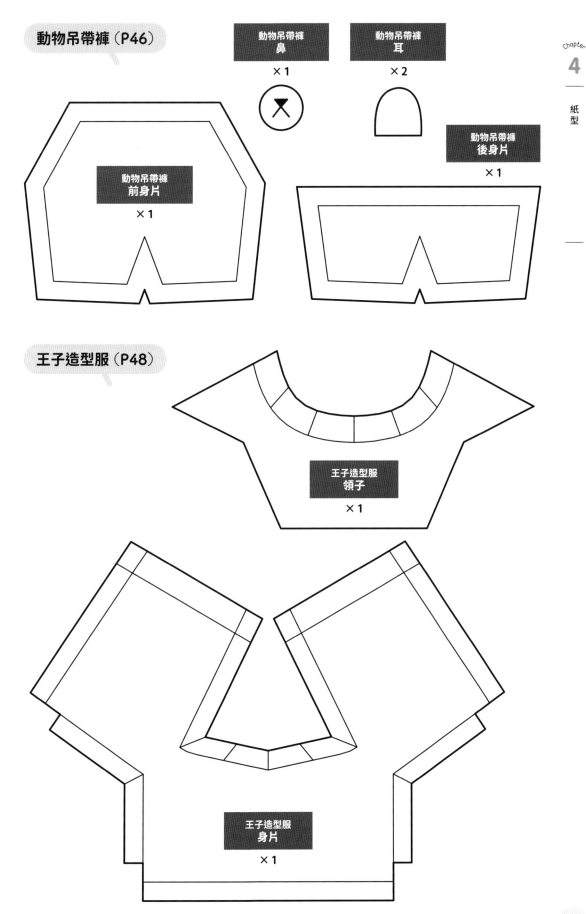

動物吊帶褲（P46）

動物吊帶褲
鼻
×1

動物吊帶褲
耳
×2

動物吊帶褲
後身片
×1

動物吊帶褲
前身片
×1

王子造型服（P48）

王子造型服
領子
×1

王子造型服
身片
×1

動物斗篷（P50）

用於10cm尺寸的棉花娃請依原尺寸影印
用於15cm尺寸的棉花娃請放大170%影印

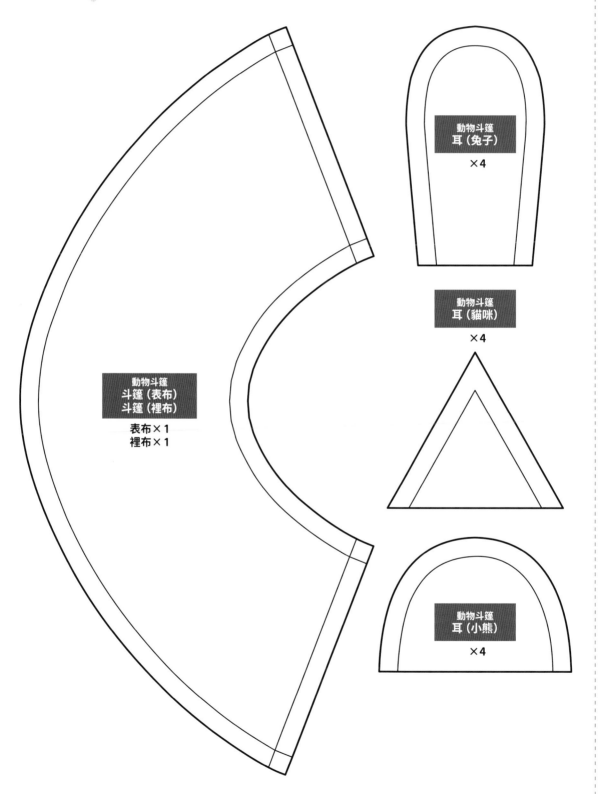

動物斗篷
耳（兔子）
×4

動物斗篷
耳（貓咪）
×4

動物斗篷
斗篷（表布）
斗篷（裡布）

表布×1
裡布×1

動物斗篷
耳（小熊）
×4

←影印時請壓到這道線為止

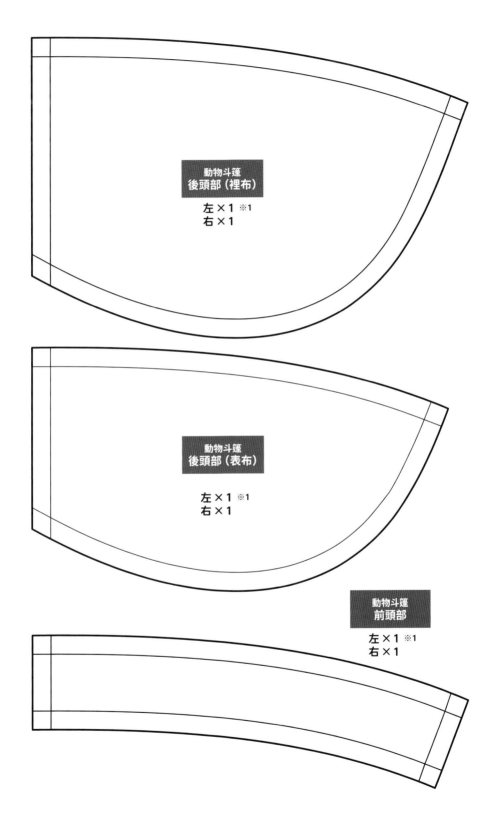

動物斗篷
後頭部（裡布）

左×1 ※1
右×1

動物斗篷
後頭部（表布）

左×1 ※1
右×1

動物斗篷
前頭部

左×1 ※1
右×1

※1 左用的紙型是翻面使用

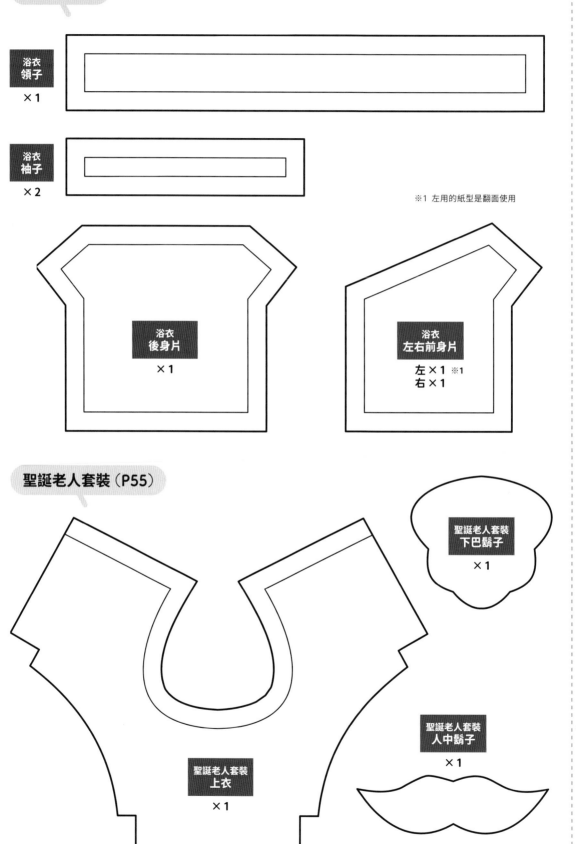

浴衣（P52）

浴衣
領子
×1

浴衣
袖子
×2

※1 左用的紙型是翻面使用

浴衣
後身片
×1

浴衣
左右前身片
左×1 ※1
右×1

聖誕老人套裝（P55）

聖誕老人套裝
下巴鬍子
×1

聖誕老人套裝
上衣
×1

聖誕老人套裝
人中鬍子
×1

← 影印時請壓到這道線為止

用於10cm尺寸的棉花娃請依原尺寸影印
用於15cm尺寸的棉花娃請放大170%影印

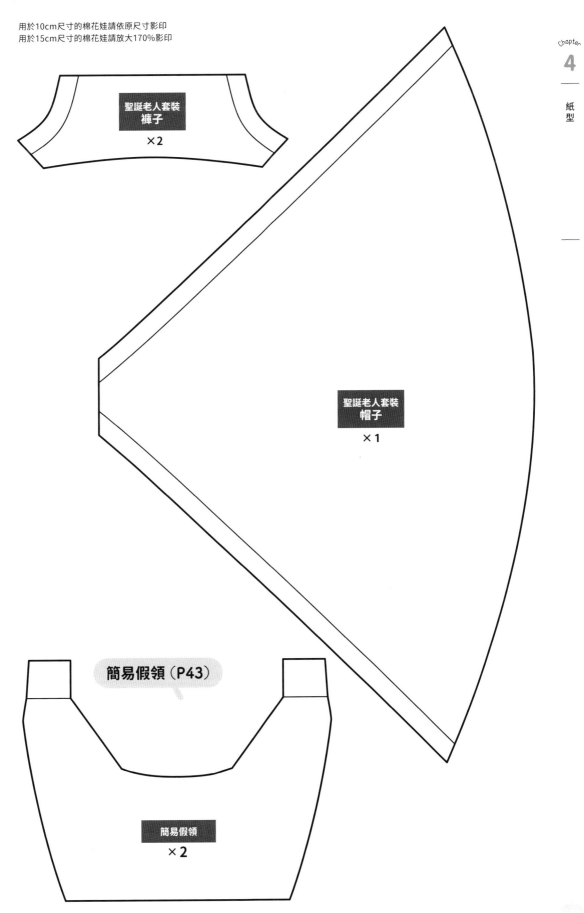

聖誕老人套裝
褲子
×2

聖誕老人套裝
帽子
×1

簡易假領（P43）

簡易假領
×2

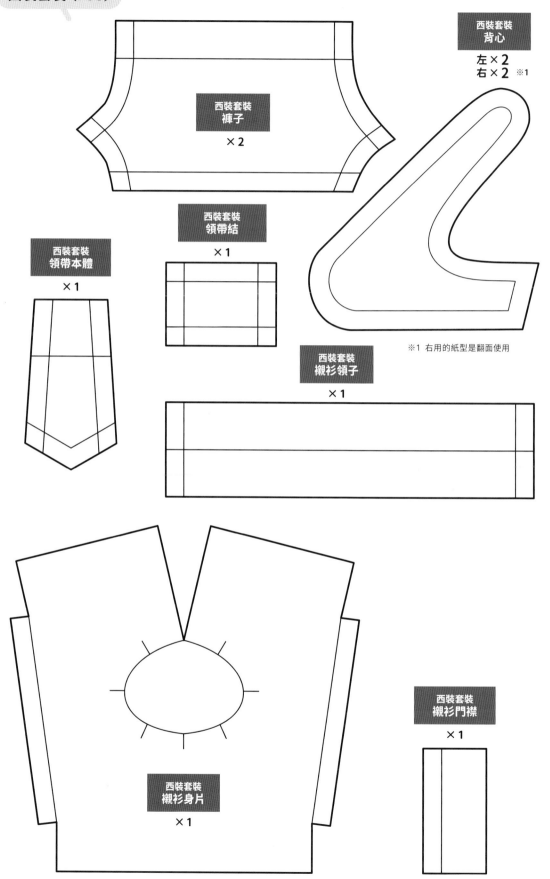

西裝套裝
褲子

×2

西裝套裝
背心

左×2
右×2 ※1

西裝套裝
領帶結

×1

西裝套裝
領帶本體

×1

※1 右用的紙型是翻面使用

西裝套裝
襯衫領子

×1

西裝套裝
襯衫門襟

×1

西裝套裝
襯衫身片

×1

影印時請壓到這道線為止

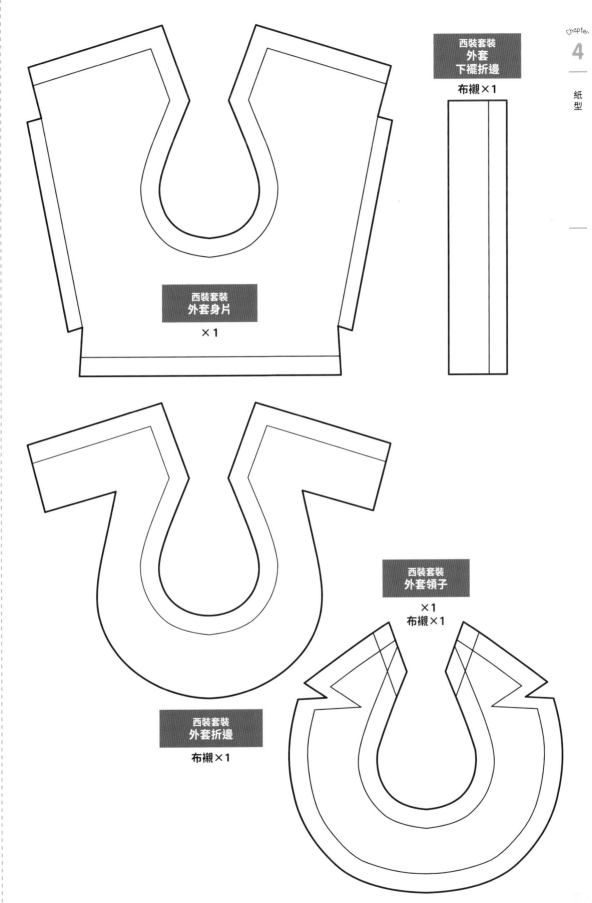

西裝套裝
外套
下襬折邊

布襯×1

西裝套裝
外套身片

×1

西裝套裝
外套領子

×1
布襯×1

西裝套裝
外套折邊

布襯×1

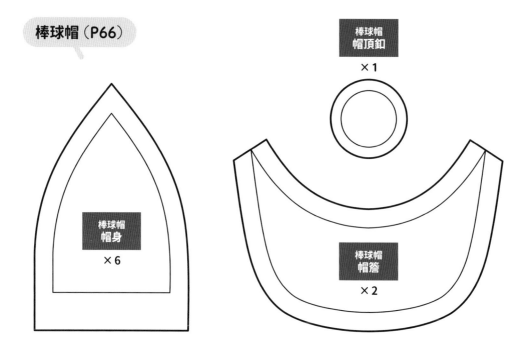

棒球帽（P66）

棒球帽
帽頂釦
×1

棒球帽
帽身
×6

棒球帽
帽簷
×2

水桶帽（P68）

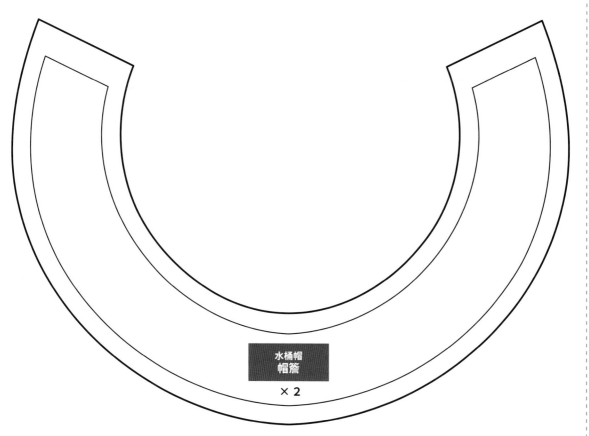

水桶帽
帽簷
×2

← 影印時請壓到這道線為止

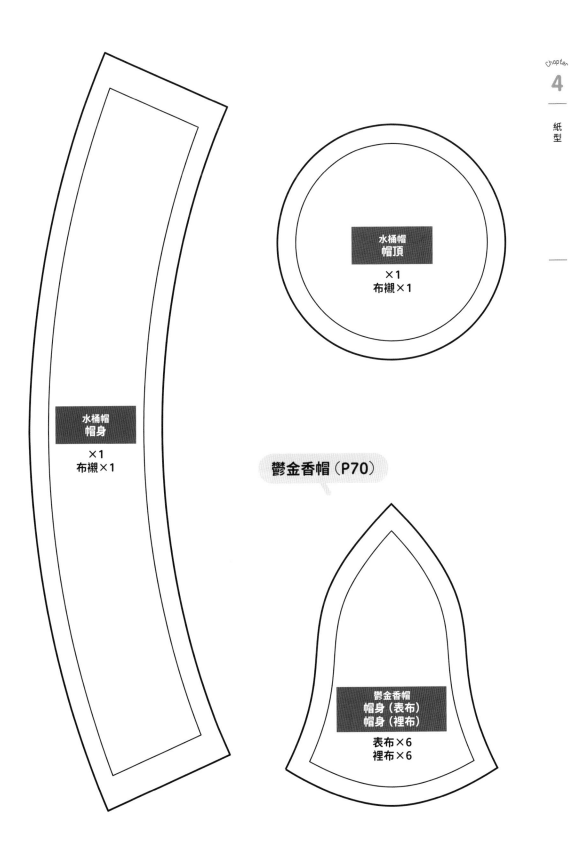

水桶帽
帽頂

×1
布襯×1

水桶帽
帽身

×1
布襯×1

鬱金香帽（P70）

鬱金香帽
帽身（表布）
帽身（裡布）

表布×6
裡布×6

用於10cm尺寸的棉花娃請依原尺寸影印
用於15cm尺寸的棉花娃請放大170%影印

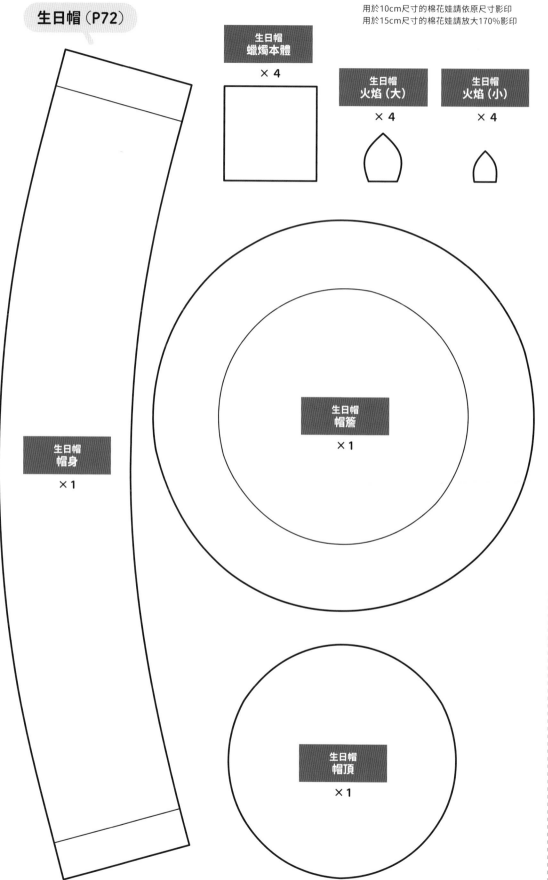

生日帽（P72）

用於10cm尺寸的棉花娃請依原尺寸影印
用於15cm尺寸的棉花娃請放大170%影印

生日帽
蠟燭本體

×4

生日帽
火焰（大）

×4

生日帽
火焰（小）

×4

生日帽
帽簷

×1

生日帽
帽身

×1

生日帽
帽頂

×1

影印時請壓到這道線為止

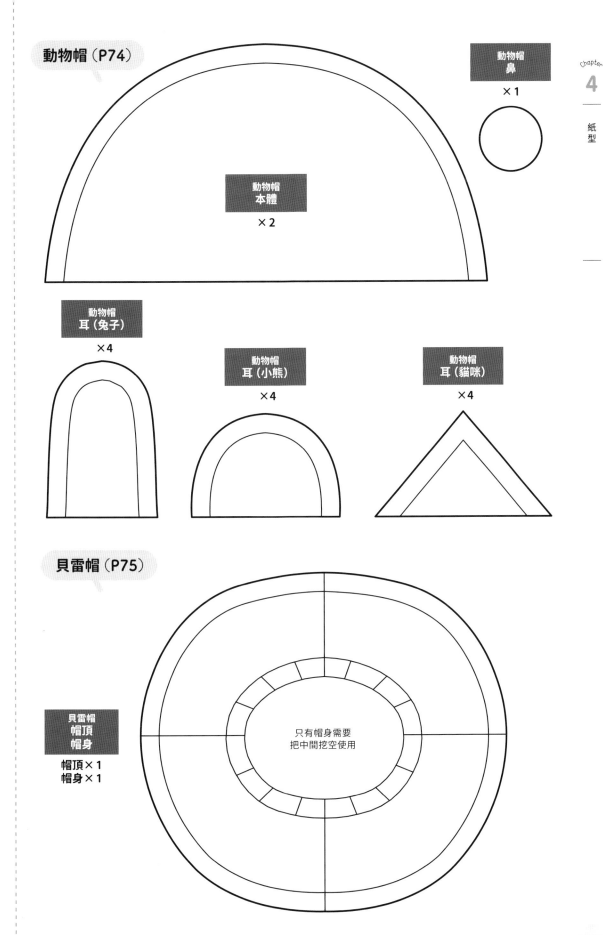

動物帽（P74）

動物帽
鼻
×1

動物帽
本體
×2

動物帽
耳（兔子）
×4

動物帽
耳（小熊）
×4

動物帽
耳（貓咪）
×4

貝雷帽（P75）

貝雷帽
帽頂
帽身

帽頂×1
帽身×1

只有帽身需要
把中間挖空使用

髮箍（P76）

用於10cm尺寸的棉花娃請依原尺寸影印
用於15cm尺寸的棉花娃請放大170%影印

| 髮箍
本體
×1 | 髮箍
耳（貓耳的
內側、外側）
內側×2
外側×2 | 髮箍
耳（兔耳
外側）
×2 | 髮箍
耳（兔耳
內側）
×2 | 髮箍
耳（熊耳
外側）
×2 | 髮箍
耳（熊耳
內側）
×2 |

串珠斜背包（P78）

串珠斜背包
窗口
×1

串珠斜背包
底部
×1

蝴蝶結斜背包（P80）

蝴蝶斜背包
×1

口罩（P85）

口罩
×1

← 影印時請壓到這道線為止

背包皮帶 ×2

背包（P82）

背包提把 ×1

背包背帶 ×2

背包掀蓋（圓型）×1

背包掀蓋（波浪型）×1

背包掀蓋（三角型）×1

製作其他掀蓋類型的背包時要沿著這條線剪下

背包本體 ×1

嬰兒套裝（P86）

嬰兒套裝圍兜 ×1

嬰兒套裝嬰兒帽後頭部 ×1

嬰兒套裝嬰兒帽帽簷 ×1

嬰兒套裝奶嘴圓片 ×2

嬰兒套裝奶嘴底座 ×1

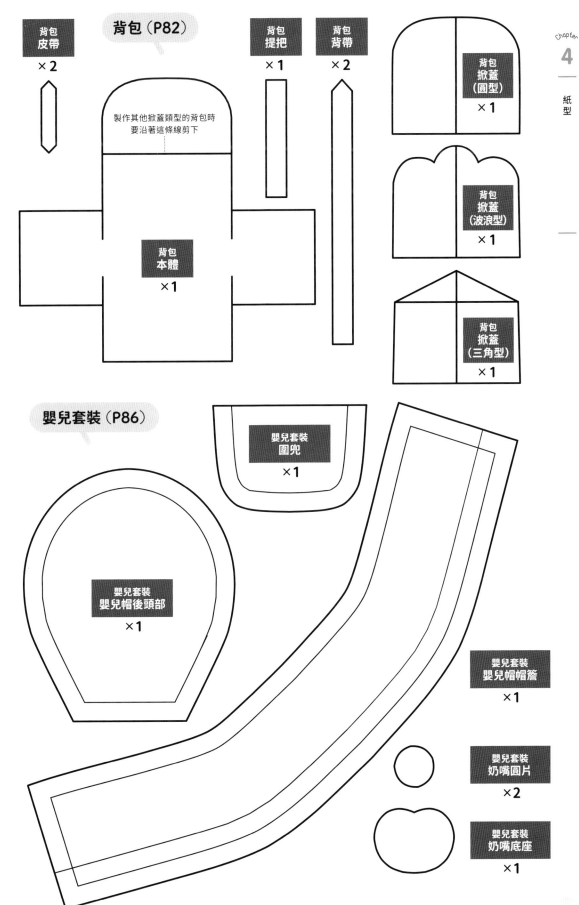

日文版 STAFF

編輯	加藤みのり（Fig Inc.）
書籍設計	関根千晴、舟久保さやか（Studio Dunk）
攝影	北原千恵美
校閱	フライス・バーン
校正	山本真衣子
DTP	グレン、石堂真菜実（Studio Dunk）、桜井 淳
協力	株式会社 Blue Note

Oshi no「NUIFUKU」wo Tsukurou
© Gakken
First published in Japan 2023 by Gakken Inc., Tokyo
Traditional Chinese translation rights arranged with Gakken Inc.

棉花娃衣裁縫全書
專屬舞台服 × 日常穿搭 × 節日主題裝，
零基礎一學就會！

2024 年 8 月 1 日初版第一刷發行

監　　修	nuinui 洋服店
譯　　者	許倩珮
編　　輯	黃筠婷、劉皓如
美術編輯	黃瀞瑢
發 行 人	若森稔雄
發 行 所	台灣東販股份有限公司
	＜地址＞台北市南京東路 4 段 130 號 2F-1
	＜電話＞（02）2577-8878
	＜傳真＞（02）2577-8896
	＜網址＞https://www.tohan.com.tw
郵撥帳號	1405049-4
法律顧問	蕭雄淋律師
總 經 銷	聯合發行股份有限公司
	＜電話＞（02）2917-8022

國家圖書館出版品預行編目 (CIP) 資料

棉花娃衣裁縫全書：專屬舞台服 × 日常穿搭 × 節
日主題裝，零基礎一學就會！/ nuinui 洋服店監
修；許倩珮譯. -- 初版. -- 臺北市：臺灣東販股份
有限公司, 2024.08
112 面；18.2×25.7 公分
譯自：推しの「ぬい服」をつくろう
ISBN 978-626-379-471-9（平裝）

1.CST: 洋娃娃 2.CST: 手工藝

426.78   113008518